KB089052

飛鳳山
水晶峰
虹橋
南江
竹田

조선의 비행기,
다시 하늘을 날다

조선의 비행기,
다시 하늘을 날다
젊은 항공 과학자가 되살려 낸
세계 최초의 비행기, 비거
이봉섭
사이언스
SCIENCE BOOKS 북스

진정한 비거의 의미를 깨닫게 해 주신

비거 연구가 고원태 선생님께 감사드립니다.

임진년에 왜국의 괴수들이 창궐했을 때 영남 지역의 고립된
한 성이 겹겹이 포위를 당해 금방이라도 함락될 위기에
처했습니다. 이때 성주와 매우 친한 사람 중에서, 평소 아주
색다른 기술을 지닌 이가 있었습니다. 그가 비거를 만들어 타고
성안으로 날아 들어가, 벗을 태워 성 밖으로 30리를 비행한 뒤
착륙해 왜적의 칼날을 피했습니다.

—「비거변증설(飛車辨證說)」 중에서

머리말

최초의 비행기를 꿈꾸며

인간은 하늘을 날기 위해 비행기를 발명했다. 비행이라는 행위에는 단순히 멀리 내다본다는 것 이상의 의미가 있다. 하늘을 날면, 지상에서는 자연물이나 인공물에 가로 막혔던 시야가 탁 트이면서 무한히 확장되고, 2차원의 한 점에 불과한 내가 어느새 3차원의 공간으로 바뀐다. 언제나 발을 붙이고 있던 지면에서 처음 떨어질 때의 불안감은, 시간이 지날수록 마음 속 깊은 곳에서 울렁이는 미지의 설렘으로 바뀌어 간다.

이 설렘은, 인간 본연의 자유를 향한 열망이다. 또한 지상에 구속된 물질과 정신의 세계에서 벗어나, 세상 어디로든 가는 바람과 하나가 될 때 느끼는 해방감의 근원이다. 비행기를 발명하기 전의 인류가, 날아다니는 새를 볼 때의 감정은 부러움이었다.

만물의 영장으로 자부하는 인간이 중력에 속박되어, 드넓은 하늘을 그저 바라봐야만 한다는 체념은 오랫동안 풀리지 않았다. 비행기의 발명은 오랜 족쇄를 벗겨낸 획기적인 변화였다.

하늘을 나는 자유를 누리기 위해 고안된 비행기는, 시간이 흐르면서 경제적, 군사적 효율성이라는 목적과 결합해 변화를 거듭했다. 그 결과 오늘날 우리가 보는 비행기의 형태에 이르렀다. 1억 년 전 지구상에 등장했던 조류는 기나긴 진화 과정을 거쳐 현재의 모습이 되었지만, 인간이 발명한 비행기는 100년이 조금 넘는 시간 동안 급격한 변화를 겪었다. 전쟁과 군비 경쟁으로 촉발된 일종의 돌연변이와도 같았다.

만약 19세기에 산업 혁명이 일어나지 않아서, 기계 문명이 도래하지 않고, 비행기도 발명되지 않았다면 어땠을까? 지금과 같은 비행기 없이도 인간은 하늘을 날 수 있었을까? 물론 태생적인 호기심의 힘으로 결국 인간은 하늘을 나는 어떤 도구를 만들었으리라. 어쩌면 조류의 형태를 깊이 고려한, 좀 더 자연 친화적인 비행 도구, 이를테면 날틀이 탄생했을지도 모른다. 그리고 그 날틀은 보다 자연스러운 진화 과정을 거쳐 우리 삶에 더 가까이 자리 잡지 않았을까?

반면 지금의 비행기는 금속으로 만든 거대한 기체에 400여 명의 승객을 태우고, 천지를 뒤흔드는 굉음을 내며, 순식간에 먼 거리를 이동한다. 이런 모습을 보며 새처럼 자연의 일부로 부드럽게 날아가는 날틀의 가능성을 상상하기는 정말이지 어렵다. 100년이라는 비교적 짧은 시간 동안 이룩한 비행 수단인 비행기를 잠시라도 잊고, 과거의 원점으로 돌아가 새로운 비행 수단을 구상하는 것이기 때문이다. 이런 접근이 필요한지 의심이 들 수도 있다. 여기서 우리는 지금 이용하는 비행기의 미래를 생각해야만 한다. 전 지구적인 환경 문제, 탄소 기반 에너지의 고갈, 급증하는 에너지 비용 등의 한계를 고려할 때, 비행기의 미래는 긍정적이지 않다. 기존과는 다른 개념의 추진 방식과 소재들이 개발되고, 그것이 적용된 새로운 비행 수단이 등장해 항공 산업의 흐름 자체가 바뀔 가능성도 있다. 비행 초창기의 열기구◆나 헬륨 비행선처럼 느리지만, 비행 자체를 보다 즐길 수 있는 이동 수단이 다시 등장할지도 모른다.

◆熱氣球. 기구 속의 공기를 버너로 가열하여 팽창시켜, 바깥 공기와의 비중 차이로 떠오르게 만든 기구이다.

이제 미래의 비행을 생각해야 할 때에 이르렀다. 현재의 비행기는 변해야 하며, 자연 친화적 비행기의 개발은 항공 산업의 획기적인 전환점이 될 것이다. 우리에게는 이 지점에 도달하기 위한 결정적인 이정표가 있다. 산업 혁명 이전에 하늘을 날기 위해 궁리하고, 길지 않지만 그 꿈을 이루었던 조선 시대의 인물인 정평구(鄭平九)와 그가 발명한 날틀, 비거(飛車)이다.

정평구가 발명한 비행 수단인 비거는 역사서의 간략한 기록 외에 상세한 설계도나 실물 등은 남아 있지 않다. 그런 까닭에 실존 여부부터 다양한 역사적 의견이 존재한다. 하지만 현재 우리가 확인할 수 있는 16세기 한반도의 과학 기술 수준, 정평구라는 인물이 존재했다는 사실, 그리고 비거에 대한 기록이 그 당시를 다룬 여러 문헌에서 등장한다는 점 등을 고려한다면, 비거의 존재 가능성은 충분하다. 이러한 근거의 의의는 역사적으로도 부정되지 않는다. 여기서 더 나아가 비거의 존재가 공인된다면 경제적, 군사적으로 나날이 중요성을 더해 가는 항공 산업에서 한국의 위치를 재정립할 수 있게 된다. 또한 우리가 아는 비행의 역사도 새롭게 바뀌어야 한다.

비거의 형상을 정확히 남긴 사료는 없는 까닭에, 실제 모습에 대한 다양한 학설들이 존재한다. 비거에 관한 자료를 최대한 광범위하게 확인하고 16세기 한반도의 과학 기술들까지 함께 탐구하면서, 비거는 조선의 과학적 역량이 충실히 반영된 비행체라는 가설을 세울 수 있었다. 그리하여 정평구가 관찰하고 고민하며 실험했던 과정으로 거슬러 올라가서 하늘을 비행하는 날틀을 구상하게 되었다. 엄청난 양의 에너지가 필요하고, 막대한 소음을 발생시키면서 하늘을 가로지르는 지금의 비행기보다 좀 더 자연 친화적이고 지속 가능한 새로운 비행 수단으로 나아갈 단서를 비거에서 찾을 수 있으리라 생각했기 때문이다. 비거는 갈림길에 선 비행기의 역사에 새로운 길을 제시해 줄 우리 모두의 길잡이다.

이 책은 조선 중기의 실존 인물인 정평구가 발명한 비행 수단인 비거를 다양한 관점에서 입체적으로 분석한 결과물이다. 당시에 이용 가능했던 재료와 방법을 유추하고, 이것을 활용해 우리가 아는 비행기와는 다른 방향의 날틀을 상상해 내서, 현실로 구현하기까지의 과정을 담았다. 오랫동안 역사서 속에서 날아오르지 못했던 비거를 이해하기 위해 깊이 고민해 왔지만, 이론의 여지가 없는 정답에는 아직 이르지 못했다. 그 대신 비거를 다시금 날도록 하기 위한 긴 여정은 우리의 삶과 보다 가까운 비행 수단에 대한 여러 가능성을 보여 주었다. 과거에 비거를 만들며 정평구가 품었을 고민들을 공유하는 이 시대의 날틀을 만들 수 있다는 자신감도 얻었다. 지나간 400년의 시간을 가로지른 비거가 이제 오늘의 하늘을 날기 시작한다. 우리가 비상할 때다.

차례

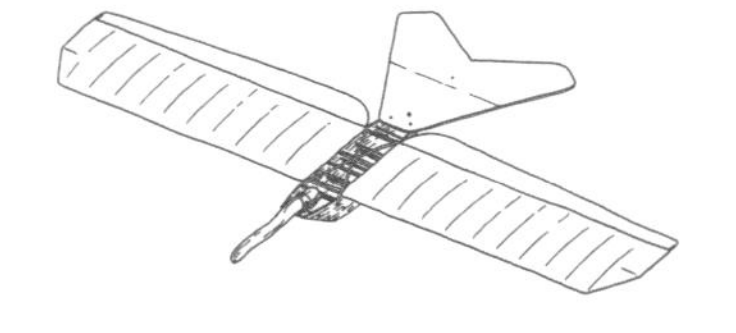

2부 최초의 비행기를 재현하다

프롤로그

비행 소년, 비거를 만나다

바람이 많이 부는 추운 날이었다. 비행 클럽에 도착하니 활주로 한편에 꽂힌 풍향계가 펄럭이며 위아래로 흔들렸고, 바람이 부는 방향도 일정하지 않았다. 얼핏 느끼기에도 비행하기에 그리 좋은 날씨는 아니었지만, 초경량 항공기의 조종에 필요한 면허 시험을 치르는 날이라 꼭 비행해야 했다. 활주로를 가로질러 비행 클럽 사무실로 들어서니 같이 시험을 볼 10명 남짓한 사람들이 난로 앞에 옹기종기 모여 있었다. 간단한 안부를 묻고, 전날까지 다 못 본 예상 문제집을 꺼내 들었다. 큰 줄기는 거의 이해했지만, 구름의 종류에 따른 고도, 풍속계 모양에 따른 속도와 같은 구체적인 수치를 완전히는 외우지 못했기 때문에 시험을 보기 전에 순간 기억력을 최대한 활용하기로 했다.

고등학생 때 조종했던 경비행기

1998년 2월 22일, 인천 송도 비행 클럽. 고등학교 3학년 진급을 앞두고 처음이자 마지막으로 주어진 비행 면허 시험이었다. 통과하지 못하면, 몇 년을 더 기다려야 할 수도 있었다. 지난 여름 방학에 「아름다운 비행(Fly away home)」이라는 영화를 보지 않았다면, 그날 그 자리에 없었을지도 모른다. 살면서 인생의 방향키가 바뀌는 순간을 느꼈다고 말하는 사람들이 종종 있다. 「아름다운 비행」을 보면서 이 영화가 앞으로의 내 인생을 바꾸게 되리라고 예감했다.

아름다운 비행

비행기에 대한 관심은 아주 어릴 적부터 시작되었다. 동네 문방구의 한쪽 벽을 가득 채운 프라모델◆이 한순간에 마음을 사로

◆ plamodel, プラモデル. 플라스틱 모델(plastic model)의 일본식 줄임말로 일반적으로 조립식 완구를 프라모델이라고 부른다.

잡았고, 유치원생이었던 나는 어머니를 졸라서 받은 100원으로 무엇을 살지 고민하느라 문방구에 꽤 오랜 시간을 죽치고 앉아 있고는 했다. 로봇으로 시작해 탱크를 거쳐 언제부터인가는 비행기만 조립하게 되었다. 그러다 초등학교 3학년 때 교내 모형 항공기 대회에서 처음으로 글라이더(glider)를 만들어 날린 후로는, 비행기의 세계에 더욱 깊숙이 빠져들었다. 마음은 이미 오래전부터 하늘을 날고 있었던 셈이다.

또래 아이들은 대부분 조립이 쉬운 스티로폼 글라이더로 대회에 참가했지만, 만들기에 자신이 있었기에 고학년들이 사용하는 글라이더에 도전했다. 2시간 넘게 공들여 조립한 글라이더를 줄에 걸어 날리자, 물고기가 물길을 가르듯 푸른 하늘 위로 미끄러지듯 비행했다. 내 손으로 만든 비행기가 자유롭게 하늘을 가로지른다는 뿌듯함은 예전에는 느끼지 못한 종류의 감정이었다. 바로 그때부터 비행기를 정말로 좋아하게 되었다. 꾸준히 관련 책이나 잡지를 읽어 가며 비행기에 대한 지식을 쌓고, 아버지의 적극적인 지원 덕분에 무선 조종 비행기와 패러글라이딩◆까지 접했다. 그렇게 비행기와 하늘에 대한 동경이 절정을 향하던 때에, 영화 「아름다운 비행」을 만났다.

이 영화의 여러 장면 중에서 특히 호기심을 끈 것은 주인공의 아버지가 직접 제작해 타고 다니던 1인승 복엽기였다. 어설퍼 보여도 새처럼 하늘을 두둥실 나는 모습이 신기했고 원리가 궁금해졌다. 당시에 한창 유행하던 PC 통신을 이용해 여러 정보를 모았다. 영화 속 비행기는 2인승일 때는 자체 중량이 225킬로그램이고, 1인승일 때는 150킬로그램 미만인 초경량 항공기

◆ paragliding. 바람의 힘이나 공기 흐름 등을 이용해 공중을 날 수 있는 특수한 직사각형 낙하산인 페러글라이더를 메고, 높은 산의 절벽 등에서 뛰어내려 활공하는 스포츠이다.

였다. 더욱 놀라운 사실은 한국에서도 그 비행기에 탑승할 수 있다는 것과 비행장의 위치가 집에서 자전거로 10분 거리밖에 안 되는 인천 송도라는 것이었다. 다행히도 초경량 항공기의 운행 자격증은 만 14세 이상이면 취득할 수 있었기에, 나이 제한에도 걸리지 않았다. 바로 교육 과정에 정식 등록해서 고등학교 2학년 여름 방학부터 본격적으로 초경량 항공기 조종법을 배우기 시작했다. 8개월에 걸친 비행 교육은 결코 쉽지 않았지만 이듬해 2월에 면허 시험까지 무사히 통과해 냈다. 어느 사전에서도 찾을 수 없는 새로운 의미의 '비행 청소년'이 탄생한 순간이었다.

하늘에서 본격적으로 교육을 받으면서, 비행이 얼마나 낭만적인 행위인지 비로소 알게 되었다. 땅 위에 발 딛을 때는 굉장히 넓고 커 보이던 클럽 비행장도 막상 날아올라서 내려다보면 아주 작은 점일 뿐이었다. 땅의 관점과 하늘의 관점은 너무도 다르다는 사실을 언제나 실감했다. 항상 우리 곁에 있는 자연의 경이로움도 하늘 위에서는 보다 생생하게 다가왔다. 특히 하늘이 맑은 가을날의 해질 무렵에 낮게 깔린 구름 위로 비행을 하다 보면 아주 잠시 동안 구름, 비행기 그리고 조종석까지 함께 붉게 물들 때가 있었다. 그 순간만큼은 지상의 모든 소리와 근심이 일시에 사라지면서 그대로 영원히 석양을 향해 날아갈 것만 같았다.

비거를 만나다

그렇게 비행 청소년으로 고등학교를 졸업하고 한국 항공 대학교에 입학하자마자 '항공기 제작 연구회'에 가입해, 나만의 초경량 항공기인 자작기(home built aircraft)의 설계, 제작에 오랜 시간을 보냈다. 초경량 항공기와 자작기는 설계자나 제작사마다 고유한 분위기가 있어서 기체만 보더라도 각각의 개성이 느껴진다. 나 역시 독자적인 비행기를 만들겠다는 열정이 최고조에 달했기에 설계와 수정을 수십 번씩 반복하며 설계도를 완성해 갔다. 그렇지만 하나의 비행기를 구상해 설계도를 완성한 후에도 왠지 모를 허전함과 아쉬움이 느껴질 때가 종종 있었다. 완성한 설계도가 눈앞에 있는데도, 내가 구현하고 싶었던 비행기가 무엇인지 오히려 막막해질 때가 많았다. 그런 동안에도 시간은 자연스레 흘렀고, 공군 정비병으로 복무하면서 자작기에 대한 꿈을 잠시 내려놓았을 즈음에, '비거'를 만났다.

부대에 있던 항공 잡지에 실린 짤막한 광고가 비거와의 첫 만남이었다. 한국 최초의 항공 소설이자, 라이트 형제(Wright brothers)보다 300년이나 앞선 조선 시대에 하늘을 나는 도구가 존재했다는 사실을 담은 작품, 『비거』가 눈길을 사로잡았다. 이 작품을 쓴 고원태 선생은 1990년대 초반부터 정평구가 발명한 비거에 대해 연구하면서 비거가 단순히 연이나 행글라이더◆ 수준의 비행 수단이었다는 통설에서 벗어나, 지금과 같은 비행기의 시원으로 재해석했다. 『비거』는 이러한 성과를 소설의 형식 속에 담아낸 작품이었다. "이럴 수가, 우리나라에, 그것도 조선

◆ hang-glider. 알루미늄이나 두랄루민으로 된 틀에 합성 섬유의 천을 입혀서 날 수 있게 만든 스포츠 기구. 사람이 매달려 기류를 이용해 활공한다.

시대에 비행기가 존재했다고?"라는 광고 문구에 이끌려 책을 샀지만 16세기 말 조선의 하늘에 비행기가 날아다녔다는 이야기를 얼마나 믿을 수 있을지 의구심도 없지는 않았다. 말 그대로 소설일지 모른다는 생각을 갖고 책의 첫 장을 넘겼다. 그러나 막연히 짐작했던 행글라이더나 열기구가 아닌, 자연에서 구한 재료들로 지금의 비행기와 비슷한 비거를 만들어 나가는 과정을 보며 의심은 긍정으로, 호기심은 열정으로 바뀌어 갔다.

"그래 이거다!" 비행의 역사에서만큼은 변방이라고만 생각했던 우리에게도 일찍이 자유롭게 하늘을 오갔던 비행체가 존재했으리라는 생각에 가슴이 두근댔던 기억이 지금도 생생하다. 책의 마지막 장을 넘기며 이 자연 친화적이고 역사적인 날틀이 앞으로 고민해서 제작해야 할 비행기의 원형이라는 사실을 깨달았다. 처음 프라모델 비행기를 손에 쥐고, 모형 비행기를 만들어 날리며, 초경량 항공기를 직접 운행해 하늘에 닿은 후에야 비거를 만났다. 이제 우리 하늘이 오랫동안 기다렸던 비거를 내 손으로 다시 만들어 날리겠다는 새로운 목표를 향해 이륙한다.

1부

최초의 비행기를 찾아서

1장

지금까지의 비거 이야기

조선 시대에 발명되어 자유롭게 하늘을 날았다고 전해지는 비거. 그 존재를 처음 알았을 때부터 근거가 되는 일화들 중에 사실이라고 확인할 수 있는 요소가 어느 정도인지 의구심이 떠나지 않았던 것도 사실이다. 상상할 수 없는 시대에, 예고도 없이 비거라는 발명품이 판타지 소설처럼 등장했기 때문이다. 현재 우리가 생각하는 비행기의 개념은, 양 측면으로 뻗은 날개가 있으며 복잡한 메커니즘으로 작동하는 엔진이 화석 연료를 태워 프로펠러◆를 회전시키는 힘으로 하늘을 나는 이동 수단이다. 따라서 비행기를 제작하려면 날개를 비롯한 기체를 만들기 위한 대량의 금속과, 엔진이라는 동력 장치가 있어야만 한다. 임진왜란의 한복판에 있던 16세기의 조선에서 이런 조건을 무시하

◆ propeller. 비행기나 선박에서, 엔진의 회전력을 추진력으로 변환하는 장치. 보통 2개 이상의 회전 날개로 구성된다.

고 비행기가 등장했다는 이야기는 기존의 상식으로는 이해하기 어려웠다. 오랫동안 비행기에 남다른 관심을 가졌으며, 초경량급의 항공기를 어느 정도 설계 가능한 내가 보기에 비거는 그 시대에 존재하기 어려운, 약간은 황당한 존재였다.

하지만 한편으로는 이렇게 믿기 힘든 이야기가 몇 백 년 동안 회자되었다면 그 속에 어떤 진실이 담겼을 것이라는 예감도 떨칠 수 없었다. 그러므로 비거의 역사적, 과학적 진실을 정확히 이해하기 위해서는 먼저 관련된 사료들로 돌아가서 내용을 면밀히 분석해야 한다는 생각이 들었다.

지금까지 알려진 비거 이야기에는 몇 가지 공통 요소가 있다. 등장 시기는 임진왜란◆이 한창이었던 1592년 무렵, 발명자는 정평구, 비행 장소는 경상도의 진주성(晉州城)이다. 기본적인 정찰 활동은 물론, 2명 이상의 인원을 탑승시켜 전투에도 직접 활용했다고 한다. 진주성 전투에서 비거가 얼마나 활약을 했는지 구체적인 기록은 없지만, 지금까지 알려진 비거에 관한 내용을 정리하면 아래와 같다.

◆ 壬辰倭亂. 조선 선조 25년(1592년, 임진년)에 일본이 조선을 침략해 벌어진 전쟁. 선조 31년(1598년)까지 7년 동안 진행되었다.

> 임진왜란 때 진주성 전투에서 정평구가 하늘을 나는 수레, 즉 비거를 발명해 전투에 참여했다. 진주성이 왜군에게 함락되기 직전, 정평구가 비거를 타고 성안으로 들어가 지인을 태우고 무사히 탈출했다.

문제는 비거의 구체적인 제작 방식에 대한 기록이 전혀 없다는 것이다. 육하원칙 중 '어떻게'에 해당하는 항목이 채워지지 않은 까닭에 비거의 실존 여부를 확인하기가 어려웠다. 세계 어느 나라보다도 앞선 비행 수단을 설명하는데, 대략적인 제작 과정이나마 확인할 수 없다는 점은 큰 장애물이었다. 기존의 통념 탓에 가뜩이나 받아들이기 어려운 비거의 존재를 각인시키기 힘들어진 탓이다. 하지만 오히려 비거에 대한 우리들의 오랜 염원을 확인할 수 있는 것도 사실이다. 비거에 대한 이야기는 이러한 결정적인 공백을 가로질러 무려 400년 넘게 우리의 말과 글과 생각 속에서 날고 있었다.

비거의 구체적인 제작 방법에 앞서서 그 밖의 나머지 기록들을 살펴보기로 했다. 비거가 등장했을 때 사람들이 느낀 경이로움과 임진왜란에서의 전술적인 가치, 비거의 존재가 그동안 완전히 망각되지 않고 기록을 거치며 전해진 이유를 살펴보고자 했다. 비거라는 놀라운 이동 수단이 등장할 수밖에 없었던 배경들을 면밀히 조사하면, 당시에 어떤 조건하에서 비거가 제작되었는지의 단서까지 자연스럽게 얻을 수 있으리라는 생각도 들었다. 공백으로 남겨진 비거의 제작 과정을 최대한 정확히 구현하기 위해서도 그 당시의 기술 수준과 재료 조건을 반드시 알아야만 했다. 시대, 장소, 발명자에 대한 전반적인 정리는 반드시 필요한 과정이었다.

국립 국어원에서 편찬한 『표준국어대사전』에 실린 정평구와 비거에 대한 정의는 다음과 같다.

정평구(鄭平九, ?~?)〔**인명**〕

조선 선조 때의 발명가. 임진왜란 때 오늘날의 비행기와 유사한 비거(飛車)를 발명하여 진주성 싸움에 사용하였다.

비거(飛車)〔역사〕

공중으로 사람이 타고 날아다닐 수 있게 만든 수레. 임진왜란 때 정평구가 발명하였다.

『표준국어대사전』에 등재된 정평구와 비거는 현재까지 알려진 내용 중에서 공통된 부분을 요약하고 있다. 이렇게 핵심적인 내용이 정해지기까지 정평구와 비거에 대해서는 다양한 일화와 의견들이 존재했다. 비교적 최근의 사례부터 살펴보면, 정평구의 비거 이야기는 1970년대에 유행했던, 클로버문고의 만화 시리즈 중 147번째인 『겨레의 혼, 정평구』(박찬식 그림)에 처음 등장했던 것으로 보인다. 이 만화에서는 호랑이를 맨손으로 잡고, 가난한 친구를 도와주는 유년 시절에 대한 이야기부터 임진왜란 때 삼각형 모양의 연에 소가죽으로 만든 풍선을 단 형태의 비거를 타고 활약하다 장렬히 전사하는 모습까지 구체적으로 보여 주었다. 이와 비슷한 이야기는 1990년대에 발행된 윤승운의 만화 『맹꽁이 서당』 3권에도 소개되었다. 현대 한국에서 정평구의 비거는 만화로 다시금 등장했던 것이다.

근래에 정평구의 비거 이야기가 보다 널리 알려진 계기는 1995년 1월 4일자 《동아일보》에 난 「비행기 세계 최초 발명자 조선인 정평구」라는 기사였다. 기사 전문은 다음과 같다.

"비행기 세계 최초 발명자 조선인 정평구"

일제 때 출판 『조선어문경위(朝鮮語文經緯)』 기록
"임진왜란 때 동료 구출 30리 날아"
미 라이트 형제보다 300년 앞서

조선 선조 때 사람인 정평구가 세계 최초로 비행기를 발명했다는 기록이 발견돼 관심을 끌고 있다. 이 같은 사실은 지난 1923년 한글학자인 권덕규(權悳奎) 선생이 조선어 강독 교재로 쓴 『조선어문경위』에 나와 있는데 이 책 112쪽에는 "정평구는 조선의 비거(지금의 비행기를 뜻함) 발명가로 임진란 때 진주고성이 위태할 제 비거로 우인을 구출하야 30리 밖에 나렸다."라고 씌어 있다. 이 기록대로라면 정평구는 지난 1903년 세계 최초로 비행기를 발명한 미국의 라이트 형제보다 무려 300년 이상이나 앞서 비행기를 발명한 셈이다. 이 『조선어문경위』는 중국의 조선족 동포 박용호 씨(72, 심양시 심하구 회무가 59호)가 간직하고 있는 책으로 박 씨는 3일 "일제 강점기 서울에서 공부할 당시 조선어를 가르치셨던 선생님으로부터 우리의 자랑스러운 조상인 정평구 선생이 임진왜란 때 새가 나는 까닭을 연구한 끝에 비거를 발명해 하늘을 날아다니며 적장을 해치는 등 왜군들의 간담을 서늘케 했다는 얘기를 들었던 기억이 난다."고 말했다.

이 기사가 게재된 뒤 정평구가 발명한 비거는 라이트 형제보다 300년이나 앞선 비행기라는 사실이 크게 부각돼 대중적인 관심을 받았다. 그러한 과정에서 이미 1920년대부터 정평구와

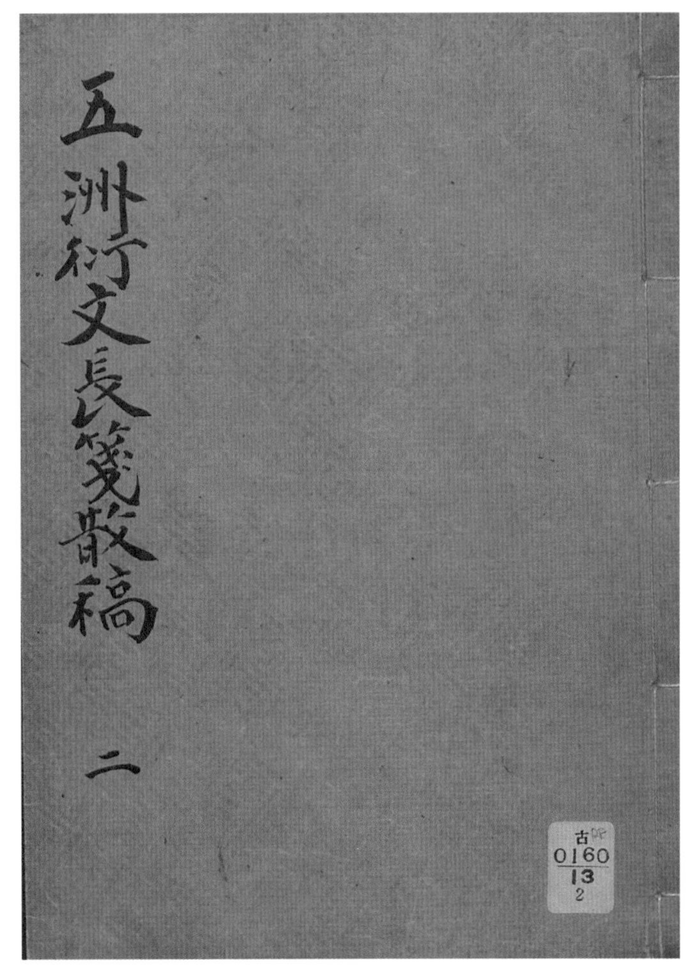

『오주연문장전산고』

비거가 『조선어문경위』를 비롯한 여러 한글 교재들에 실렸다는 사실까지 확인된 것이다. 일제 강점기에 많은 학생들에게 자긍심을 고취시켜 주었던 이 이야기의 원전이 조선 후기의 실학자인 신경준(申景濬)의 문집이었던 『여암유고(旅菴遺稿)』에 실린 「차제책(車制策)」과 역시 비슷한 시기의 실학자였던 이규경(李圭景)

이 쓴 백과사전인 『오주연문장전산고(五洲衍文長箋散稿)』 중 「비거변증설(飛車辨證說)」이었다는 사실까지도 자연스레 알려졌다.

많은 사람들이 알고 있듯 조선 후기는 명분과 이론을 중시했던 성리학이 점차 쇠퇴하고, 경제와 기술을 강조하는 실용적인 접근을 추구한 실학이 크게 발전한 시기다. 한동안 오랑캐라고 배척했던 중국의 청(淸)과 서양의 여러 새로운 문물들이 서서히 한반도로 유입되기 시작한 것도 이 무렵이다. 동시에 외래문화에 대한 우리만의 해석을 시도한 때이기도 하다. 이러한 시대적 흐름 덕분에 당시 유럽 등지에서 유행하기 시작했던 비행 수단인 열기구가 조선까지 알려지게 되었다. 당시 사회의 두뇌라 할 수 있는 실학자들은 이 낯선 기술에 대해 나름의 해석을 찾았고, 그것이 200여 년 전 존재했던 정평구의 비거에 대한 고증이었다.

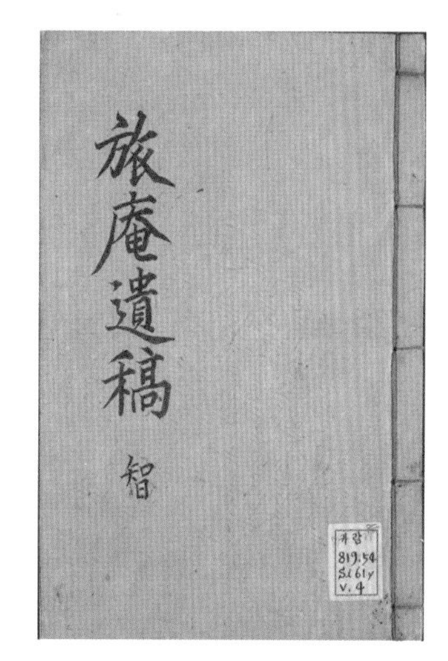

『여암유고』

『조선어문경위』

실학자인 신경준과 이규경은 단순히 서양의 문화를 숭배하며 모방하려 애쓰는 것이 아니라, 우리의 고유한 배경과 조화시키고자 했다. 서양에 있다는 열기구에 대한 설명과, 우리 역사 속에서 전해진 비행 수단에 대한 여러 이야기를 결합해서 서술한 것이다. 두 사람이 수집한 이야기에서 공통적으로 등장하는 것이 바로 정평구의 비거였다. 특히 이규경의 「비거변증설」은 당시까지 조선에 알려진 비행 도구에 대한 중국과 유럽, 그리고 조선의 여러 일화를 제시하고 결론에 이러한 장치의 제작 방법까지 기록해 지금까지도 많은 관심을 받고 있다.

민족 문화 말살 정책이 강하게 실행되었던 일제 강점기에는 민족의 정체성과 자부심을 지키기 위한 여러 노력들이 이루어졌다. 그중 하나가 한글 교육을 위한 교재 편찬이었다. 당시 출판된 여러 책 중 한글학자 권덕규가 쓴 『조선어문경위』가 있다. 이 책은 한국어의 음운, 문자, 고어, 어원 등과 가로쓰기의 편리함을 논하면서, 한국 역사에서 활약한 여러 위인들의 일대기를 함께 실었다. 한동안 잊혔던 정평구의 이야기도 역사적으로 뛰어난 업적을 남긴 위인이라는 관점에서 실학자들이 남긴 기록을 토대로 각색해 수록되었다. 신경준의 「차제책」과 이규경의 「비거변증설」은 집필되었을 당시에는 큰 주목을 받지 못하다가, 일제 강점기인 1920년대에 이르러서야 역사적, 기술적 가치가 인정된 셈이다.

이렇게 정평구의 비거가 1920년대서야 다시금 부상하게 된 데는 그 무렵의 시대적 상황도 관련이 있다. 그때는 일본인들이 몰고 온 여러 대의 비행기가 오랫동안 정체되었던 과거 조선의 과학 기술을 비웃기라도 하듯 요란한 소리를 내며 한반도의 하늘을 제멋대로 날았다. 그런 현실 아래서 식민 지배하의 조선 사람들은 정치적, 사회적으로뿐만 아니라 정서적으로도 열패감이 컸을 것이다. 비행기, 철도와 같은 근대식 이동 수단의 도입은 일본의 군사적, 경제적 목적뿐만 아니라 문화적 선전의 의도도 있었다. 이런 상황에서 『조선어문경위』에 등장한 정평구의 비거는 사실 여부에 앞서서 사람들의 마음속에 커다란 자부심을 불러일으켰다. 게다가 등장 시기가 일본이 한반도를 침략한 임진왜란이었다는 사실도, 비거의 존재가 일제 강점기의 한국인들에게 남다르게 다가온 한 이유였을 것이다. 임진왜란 당시에 여느 백성 중 한 사람이었던 정평구가 침략자인 일본에게 자신의 역량을 다해 저항한 수단이었기 때문이다. 우리가 독자적으로 개발한 비행 수단일 뿐만 아니라, 한반도를 침략했던 일본군에 맞서기 위한 무기였다는 자부심이, 지금까지 정평구와 비거의 존재가 면면히 전해진 근원일 것이다.

1995년 북경에서 전해진 기사 이후 정평구의 비거 이야기가 다시금 대중의 관심을 받았지만, 여전히 한계는 있었다. 무엇보다 비거의 구체적인 형상을 가늠할 수 없다는 점이 보다 깊이 접근하려는 시도를 막았다. 그러던 중 2000년 4월에 KBS의 역사 다큐멘터리인「역사스페셜」에서 짙은 안개 속에 가려진 듯했던 비거의 실체를 서서히 끌어냈다. 이 프로그램의「조선 시대 우리는 하늘을 날았다」편에서 정평구의 비거 이야기를 본격적으로 다루었던 것이다. 이규경이 저술한「비거변증설」을 토대로 건국대학교 비차 복원팀에 의뢰해 비행 장치를 제작해서 실제로 사람이 타고 글라이더 비행에 성공하는 과정까지 담았다.

이 다큐멘터리는 정평구의 비거에 최대한 객관적인 시선으로 접근하여 조선 시대에 사용 가능했던 재료들로 하늘을 나는 장치를 직접 제작해 보았다는 데에 의의가 있다. 비거를 복원해서 좀 더 구체적인 형태를 상상할 수 있는 계기가 마련되었기 때문이다. 그러나 이 프로그램의 목적은 어디까지나 임진왜란 당시의 자재들로 비행이 가능했는지 확인하는 것이었기에, 완전한 형태의 비행기가 아닌 소규모의 비행체를 제작했다. 이 때문에 대중들이 정평구의 비거를 '비차'라고 부르면서, 형태 역시 연 혹은 열기구로 단정하도록 유도하게 되었다. 비거의 규모와 형태를 구체적으로 밝힌 자료가 없는 탓에, 정확성 자체를 논하

국립 과천 과학관의 비차 모형

기는 어렵다. 그러나 2000년에 KBS 「역사스페셜」에서 복원된 비차는 정평구의 비거를 온전히 재현했다고 결론 짓기에는 여러 면에서 부족한 점이 많았다.

정평구의 비거가 비차라는 잘못된 이름이 붙은 채, 지나치게 단순한 형태 탓에 다시금 대중의 관심 밖으로 밀려나려 할 때, 한 권의 책이 출간되었다. 오랫동안 독자적으로 비거 연구에 매진해 왔던 고원태 선생이 정평구가 개발한 비거를 지금과 같은 완벽한 비행기 형태로 재해석한 것이다. 2001년에 출간된 소설 『비거』는 현재의 비행기와 비슷한 외형이며 자연에 흔한 소

국립 과천 과학관의 비거 모형

재만으로도 충분히 제작할 수 있는 발명품으로 비거를 묘사했다. 이 책이 등장하면서 비거가 단순히 연이나 열기구가 아닌 우리가 아는 것과 유사한 형태의 비행기라 추정할 계기가 마련되었고, 한동안 '비차'로 불리던 것이 꾸준한 홍보의 결과로 비거라는 본래 이름을 되찾았다. 현재 국립 과천 과학관 내 전통 과학관에서 비차 복원팀이 구상한 비차 모형과, 고원태 선생이 복원한 비거 모형을 모두 볼 수 있다.

2장

비거의 초기 기록, 「차제책」과 「비거변증설」

지금까지의 내용에서 보았듯, 현재까지 정평구의 비거 이야기가 전승된 과정에는 몇 가지 공통점이 있다. 우선 실제로 정평구의 비거를 본 사람의 기록이 아닌, 전해 들은 이야기에서 시작한다는 점이다. 정평구가 비거를 발명한 뒤, 이에 대한 기록을 남길 시간적 여유가 없었던 것이 가장 핵심적인 원인이라고 생각한다. 또한 당시 비거의 제작에 참여했던 사람들이나 직접 목격한 진주성의 주민 중에는 상당수가 사회적 지위가 낮은 문맹자였을 것이므로 기록을 남기기가 쉽지 않았다. 이런 이유로 비거 이야기는 처음부터 입에서 입으로 전해질 수밖에 없었다.

1750년대에 활동했던 실학자 신경준은 150여 년 동안 민간에서만 전해지던 비거 이야기를 처음으로 기록했다. 이 기록에

진주 남강

따르면 임진왜란 때 김제 출신의 정평구가 비거를 만들었으며 영남의 진주성이 왜군에게 포위되자 평소의 재간을 이용해 제작한 비거를 타고, 포위당한 성안으로 날아 들어가 친지를 태워 성 밖까지 30리를 날아 피난시켰다고 한다.

이 기록에서 확인할 수 있는 사실은 임진왜란 시기에 실존한 정평구라는 인물이 하늘을 나는 비거라는 장치를 발명했으며, 진주성 전투에서 비거를 사용했다는 것이다. 비거는 최소 2명 이상의 사람이 탈 수 있었고, 비행 거리는 10킬로미터에 달했다. 신경준이 기록으로 남길 당시, 주변 사람들로부터 들었던 정평구의 비거 이야기가 150년이란 긴 세월 동안 구전되면서 어느 정도는 과장되었을 수도 있다. 하지만 발명자인 정평구와 발명품인 비거, 그리고 임진왜란 당시의 진주성이라는 구체적인 시간적, 공간적 배경은 이 이야기의 현실성을 반증한다.

신경준이 「차제책」을 저술하고 약 50년 뒤에 나온 이규경의

「비거변증설」은 그 시기 전후에 존재한 비행 수단들을 포괄적으로 서술했다. 하지만 이 기록은 주변 사람들의 이야기와 입수한 서적들을 토대로 하늘을 나는 장치 자체의 진위 여부를 검토하는 글에 가깝다. 비행 장치들에 대한 객관적인 사실들을 모아놓았다기보다는 그에 대한 이규경 자신의 의견을 정리한 글이다. 이 글의 한 가지 특이한 점은 조선에 존재했던 하늘을 나는 장치를 설명할 때, 신경준의 「차제책」에 기록된 구체적인 사항을 포함시키지 않은 것이다. 이규경의 「비거변증설」에 따르면 임진왜란 당시 영남의 어느 성이 왜군에게 포위당했을 때, 그 성주와 평소 친분이 두텁던 어떤 사람이 하늘을 나는 수레인 비거를 만들어서 성안으로 날아 들어가 성주를 태우고 30리 밖까지 날아 그의 목숨을 구했다고 한다. 50여 년 전에 기록된 정평구라는 이름과 진주성이라는 장소는 빠졌다.

이렇듯 이규경의 「비거변증설」은 글에 인용한 내용이 구체적이지 못하다는 한계가 있다. 그 대신 비행 수단에 대한 생각을 자유롭게 쓰면서, 당시의 기술적 조건 아래서 상상 가능했던 하늘을 나는 장치에 대한 내용이 자연스럽게 들어갔다는 점은 이 기록이 지닌 의의이다.

저술 시기가 다른 『여암유고』의 「차제책」 그리고 『오주연문장전산고』의 「비거변증설」에서 추출할 수 있는 공통적인 결론은 정평구라는 인물이 비거를 발명하여 임진년(1592년)에 진주성에서 사용했다는 것이다.

현재까지 정평구의 비거 이야기가 전해 내려오면서 형성된 또 다른 공통점은 비거의 구체적인 형상을 남긴 그림이 없는 까

옛 진주 지도

飛鳳山
水晶峰
南江
虹橋
竹田

닭에, 항상 주관적인 상상에 따라 표현되었다는 것이다. 처음으로 정평구의 비거 이야기를 문자로 기록한 조선 후기의 실학자들도 상상력을 총동원해 묘사했으며, 일제 강점기의 한글학자였던 권덕규 또한 비거가 시대를 뛰어넘은 위대한 발명품임을 강조하기 위해 활약상을 극적으로 표현했다. 현재까지 알려진 비거에 대한 이야기들은 이런 상상을 좀 더 구체화하고 과장하는 경우가 많다. 결국 시간이 지나면서 비거가 경이롭고 위력적인 신무기로 서술된 것은 서구 문물의 전래와 일제의 침략 같은 거대한 사건에 대응하면서, 비거의 더 큰 의미를 부각시키기 위한 전달자의 사명감이 발현된 결과라고 말할 수 있다. 100여 년 동안 잊혔던 비거가 1920년대 한글 강습 교재에 다시금 등장한 이유는 분명했다. 비록 나라가 망해서 일본의 식민지가 되었지만, 우리는 이미 오래전부터 비행기를 발명해 바로 그 일본과의 전투에서 활용한 저력이 있는 민족이라는 자부심을 심어 주기 위해서였다. 그러므로 우리에게 당도한 비거에 대한 여러 의견과 추측 속에는 어느 정도의 과장이 섞여들 수밖에 없었을 것이다.

하지만 시대적 한계를 벗어난 관점에서는, 구체적인 근거가 부족한 과장들 탓에 정평구와 비거가 역사의 일부라기보다는 단순한 일화로 보이기도 한다. 정평구와 비거에 과거 민족적인 이유로 첨가되었던 부분들을 보다 사실적, 역사적인 기준에 따라 검증하고, 과학적인 근거와 함께 새로운 가설을 수립함으로써 비거의 실재 가능성을 확인해야 한다. 비거는 단순한 옛날이야기가 아니며, 우리 역사에 실재했던 자랑스러운 발명품이다. 하지만 자긍심은 비거 형상과 성능을 과장하는 문장들이 아니라, 우리 하늘을 가로지르는 비거의 비행에서 얻게 될 것이다. 당시의 여러 조건과 한계 아래서 더욱 실현 가능한 형상을 이루어야만 비거는 단순한 환상이 아닌 사실이 될 수 있다.

그러므로 정평구의 비거를 사실적으로 재현하려면 우선 기존의 이야기에서 표현된 형상에 집착해서는 안 된다. 조선 후기에 남겨진 기록들을 참조하되 비거를 처음 발명한 정평구를 기준으로 삼아서, 그 시대에 가능했을 재료와 기술을 과학적으로 검증한 비거가 필요하다. 이러한 노력의 첫 단계는 정평구의 비거를 처음 기록한 조선 후기 실학자들의 기록을 세밀히 살펴보는 것이다.

3장

이규경의 「비거변증설」

현재 우리가 정평구의 비거 이야기를 할 수 있는 것은, 조선 후기의 실학자들이 남긴 기록 덕분이다. 서민들 사이에서 구전되며 전설에 가까웠던 이야기를 실학자 신경준이 「차제책」에 처음 기록했고, 이후 이규경이 비행 수단 전반에 관한 내용을 더욱 구체화했다. 특히 실학자 이규경은 조선에 존재했던 비거 이야기와 형상은 물론 자신이 들었던 세계 각국의 비행 수단 이야기까지 아울렀다. 그 글이 이규경의 『오주연문장전산고』에 실린 「비거변증설」이다.

조선 후기에 본격적으로 대두한 실학의 영향으로 여러 선비들이 다양한 사서(辭書)를 집필했다. 기존에 조선의 지식 사회를 지배했던 성리학 외에도 의학, 농업, 토목 등의 다양한 기술부터 그동안 이단으로 배척되었던 불교, 도교, 천주교와 같은 새로운 사상까지 보다 광범위한 주제들로 지식인들의 시야가 확대되었음을 반증하는 현상이었다. 이 무렵에 집필된 백과전서류의 대표적인 저술로는 이수광(李睟光)의 『지봉유설』◆, 유형원(柳馨遠)의 『반계수록』◆◆, 이익(李瀷)의 『성호사설』◆◆◆, 이덕무(李德懋)의 『청장관전서(靑莊館全書)』 등이 있다. 이론적, 관료적이었던 기존의 지식 체계에서 벗어나 보다 실천적이고 민중적인 지식 구조를 성립시키기 위해 노력한 결과였다.

이렇게 여러 주제의 많은 백과전서들 속에서도 이규경이 저술한 『오주연문장전산고』는 특별한 위치를 차지한다. 우선 주제, 형식, 범위 등에 있어서 오늘날 우리가 보는 백과사전들과 가장 유사한 저술이었다. 하지만 일제 강점기에 필사본이 발견되었을 당시에 전체 중 일부인 60권만이 남아 있었고, 6. 25 전쟁을 거치면서 1~4권도 분실되어 현재는 총 56권만 확인할 수 있다. 하지만 현재 확인할 수 있는 분량만으로도 『오주연문장전산고』는 조선 시대에 개인이 저술한 사서 중에서 가장 방대한 책 중 하나이다.

전체 항목은 역사, 경학, 천문, 과학, 지리, 불교, 도교, 서학, 문학, 음악, 병법, 의학, 농업, 화폐 등 총 1,417항목에 달한다. 『오주연문장전산고』라는 긴 제목의 의미는 먼저 오주(五洲)는 '5대양 6대주'의 줄임말이자 저자인 이규경의 호이며, 연문(衍文)은 '거친 문장'이라는 말로 이 책에 대한 저자의 겸손함을 담았고, 장전(長箋)은 동양에서 전통적으로 분류하는 문장의 형식 중 하나를 뜻하며, 산고(散稿)는 이 문장들이 아직 온전히 체계를 이

◆ **芝峯類說**. 조선 선조 때의 이수광이 지은 책. 우리나라 최초의 백과사전적인 저술이다.

◆◆ **磻溪隨錄**. 조선 시대의 실학자 유형원이 쓴 논집. 우리나라의 여러 제도에 관하여 고증하고 제도 개혁의 경위 등을 기록했으며, 균전제를 중심으로 한 토지 개혁안을 논했다.

◆◆◆ **星湖僿說**. 조선 영조 때 이익이 평소 지은 글을 모아 엮은 책. 천지·만물·인사·시문 등의 부문으로 나누어 각각 고증을 덧붙였다.

루지 못하고 흩어져 있음을 뜻한다.

모든 항목의 내용은 그에 대한 질문과 응답이 거듭되는 변증의 형식으로 저술되었다. 그런 까닭에 이 책에 수록된 모든 항목의 제목은 무엇의 변증설이라고 정해졌다. 정평구의 비거를 다룬 항목이 「비거변증설」인 것도 비거의 구조와 가능성에 대한 다양한 내용을 문답식으로 서술했기 때문이다. 또한 조선과 중국에 대한 내용뿐만 아니라 위원(魏源)의 『해국도지』◆ 등을 이용해 서양의 문물에 대한 내용도 적극적으로 포함시켰다는 점 역시 이 책의 특징이다.

◆ 海國圖志. 중국 청나라의 위원이 1842년에 쓴 세계 지리서이다. 각국의 지세, 산업, 인구, 종교 등의 다방면에 걸쳐 서술했다.

「비거변증설」은 하늘을 나는 장치, 즉 비거의 실존 여부에 의문을 가진 이규경이 자신이 알고 있던 여러 내용을 근거로 우리나라에도 오래전부터 비거가 존재했다는 사실을 증명한 글이다. 정평구의 비거를 이야기할 때 항상 인용되는 자료지만, 경우에 따라서는 이 글의 본래 취지와 다르게 해석되는 경우도 있었다.

2002년 봄에 처음 「비거변증설」을 읽고서 받았던 충격이 지금도 생생하다. 비거를 언급한 조선 시대의 기록이 있었다는 사실에 우선 흥분했고, 이 글의 구체적인 묘사를 이용해 당장이라도 비거를 복원할 수 있을 것 같았다. 이 정도로 구체적인 기록이 있는데도, 어째서 여태까지 비거가 온전한 형태로 복원되지 못했는지 이해하기 어렵기도 했다. 그때의 의아함은 지금까지 비거를 연구해 오는 동안 서서히 풀렸지만, 막 비거에 대한 관심과 흥분에 사로잡혔던 당시에는 정말이지 이유를 알 수 없었다. 지금 당장이라도 그 옛날 정평구가 만들었던 비거를 타고 오늘

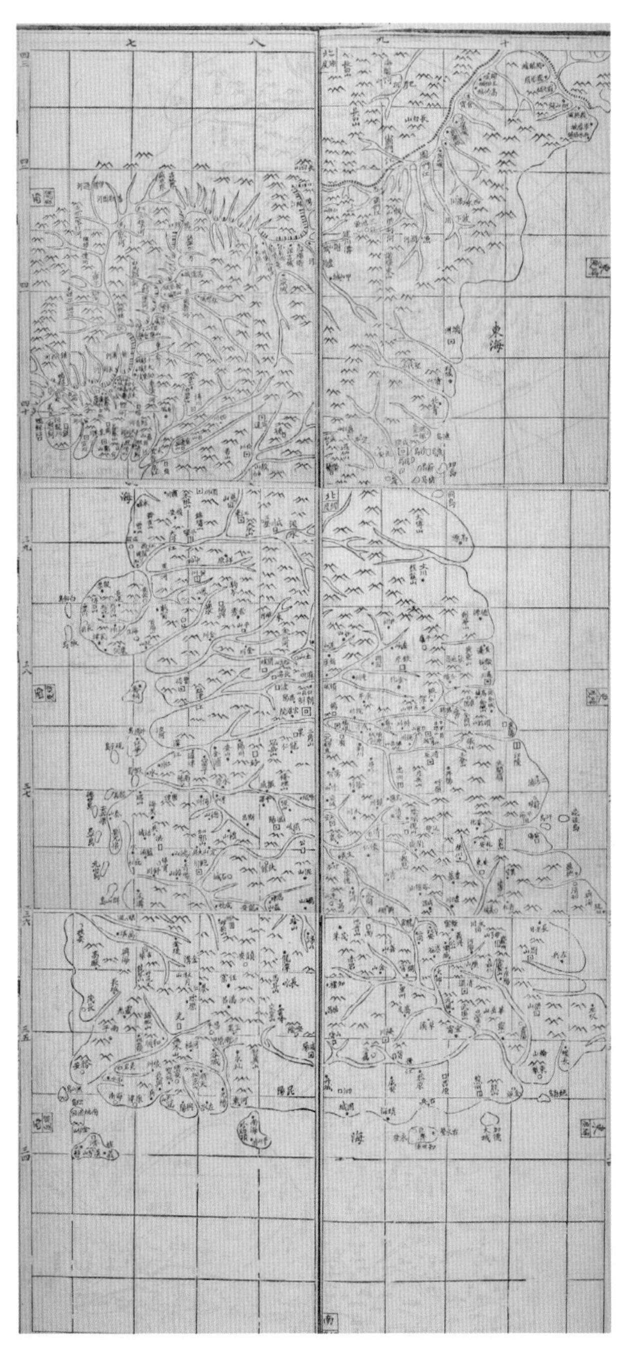

『해국도지』에 실린 한반도 지도

의 하늘을 날 수 있을 것만 같았기 때문이다.

정평구의 비거가 더 많은 사람들에게 알려지면서, 「비거변증설」 역시 비거가 실존했다는 중요한 근거로 보다 자주 등장하게 되었다. 특히 실제 비거의 구조를 유추하게 해 주는 글의 후반부는 여러 사람들이 번역했으며 곳곳에서 인용되기도 했다. 하지만 문체, 구성, 근거 면에서 오늘날의 글과 차이가 많은 이 글의 전체 내용은 파악하지 않고, 일부만을 인용해 비거에 대해 논하는 것은 전설, 민담과 역사적 사실을 혼동하거나 비거의 성능과 구조를 오해하는 등의 위험성이 있다. 이런 오류를 줄이려면 우선 「비거변증설」의 전체 내용을 최대한 정확히 알아야 하며, 그 지식을 바탕으로 저자인 이규경이 활동했던 조선 후기의 상황을 고려해, 글의 세부적인 맥락을 파악해야 한다.

「비거변증설」의 전체 구성을 보면, 먼저 글을 쓴 이유가 나온다. 이규경이 살았던 조선 후기에 땅 위에서는 바퀴가 달린 수레, 물 위에서는 바퀴 없는 배가 주요한 이동 및 운송 수단이었다. 그러던 중 서양에 등장한 바퀴 달린 배와, 땅이 아닌 하늘 위를 나는 수레에 대한 이야기가 조선에도 전해진다. 바퀴 달린 배는 증기선을 뜻하고, 하늘을 나는 수레는 당시 크게 유행하고 있던 열기구를 말한다. 아마도 청에서 들어온 소문이나 서적으로 증기선의 존재를 알게 된 이규경은 하늘을 나는 수레, 즉 비거 역시 어디인가에 기록이나 소문이 남아 있을 것이라고 추측했다. 그러므로 비거에 대한 기록과 이야기를 찾아서 원리와 타당성을 설명하다 보면 비거도 증기선처럼 존재나 가능성을 증명할 수 있다는 것이 이 글의 발상이다.

증기선

이어서 서기 3세기경 저술된 중국의 역사서인 『제왕세기(帝王世紀)』에 등장하는 기굉 씨(奇肱氏)의 전설을 예로 들었으나, 하늘을 나는 기계를 만들었다고 전해지는 이 이야기는 적절한 예가 아니라고 말한다. 당시 러시아에서 유행했던 열기구에 대해서도 이야기하지만 이것은 이규경 자신이 직접 본 것이 아니고 전해 들은 소식이기 때문에 형상을 단정 짓지 않는다.

이어서 등장한 내용이 조선 후기의 실학자인 신경준이 쓴 「차제책」 중에서 정평구의 비거를 언급한 부분이다. 이규경은 한반도에도 서양의 열기구와 같이 하늘을 나는 이동 수단이 있었다는 사실을 지적한다. 이렇게 중국, 일본, 조선에서의 다양한 비행 수단을 소개하면서 직접 상상한 구조까지 묘사한다. 전체 구조는 연의 형태를 모방하고 비행 방식은 새의 날갯짓이 기본인 비행기이다. 마지막으로는 이러한 비행 수단은 자신이 혼자 생각해 보았다는 점을 강조하며 마무리한다.

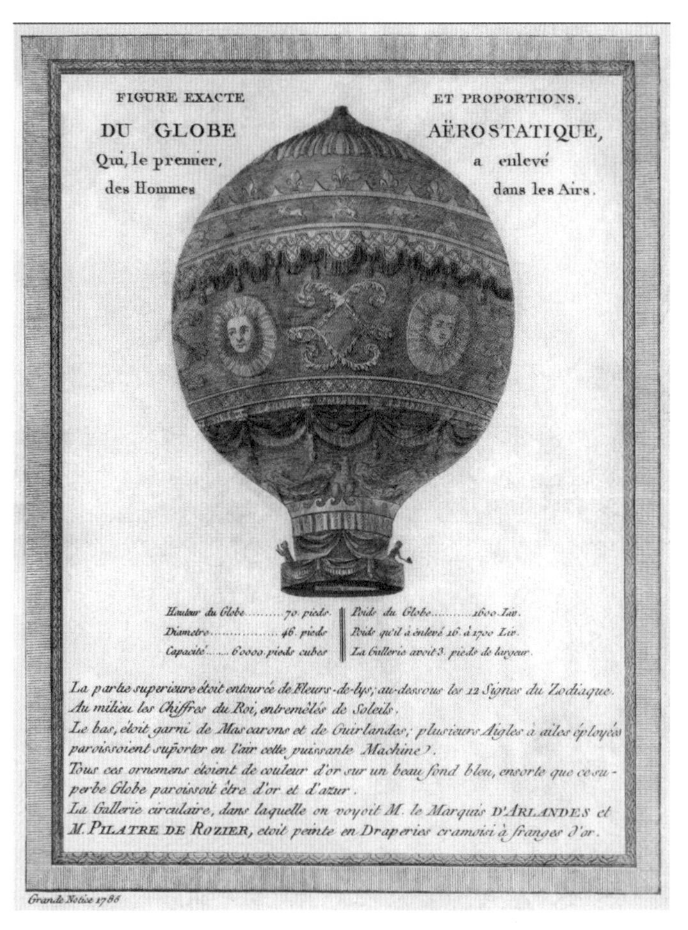

몽골피에 열기구

2000년에 방송한 「역사스페셜」에서의 비거 복원은 물론, 비거에 관심을 가지게 된 많은 사람들에게 미치는 「비거변증설」의 영향력은 매우 크다. 당시에 사람들이 알고 있던 비행 장치를 체계적으로 고찰한 장문의 기록이었으며, 집필 시기도 비거가 등장했던 조선 시대였으므로 정평구의 비거에 접근할 때 항상 중요한 근거로 인용되었다.

하지만 집필된 시기를 좀 더 들여다보면 정평구의 비거를 상상할 때 이 글이 얼마나 유용한지 의문을 품게 된다. 「비거변증설」이 실린 『오주연문장전산고』의 집필 시기와 정평구의 비거가 활약한 임진왜란 사이에는 240여 년의 차이가 있다. 「비거변증설」을 저술한 이규경은 1788년에 태어나 1856년까지 살았으며, 집필 시기는 1830년대로 추정된다. 같은 조선 시대더라도 임진왜란이 발발한 1592년과 멀리 떨어져 있다. 즉 정평구 자신 혹은 비거의 목격자가 기록을 남기지 못했다면, 비거가 발명되고 200여 년 후에 활동한 이규경이나 400여 년 후에 활동한 우리 사이에는 큰 차이가 없다고도 말할 수 있다. 이규경과 우리 모두 먼 과거의 일을 추측하고 확인 가능한 사료들을 수집해야 하는 입장은 다르지 않다. 물론 이규경이 활동하던 때에 비해서 현재의 우리는 비거에 대한 사료들이 좀 더 부족하고, 기술과 재료의 측면을 이해하기 어려울 수도 있겠지만, 전체적인 여건 자체가 다르다고 보기는 어렵다.

조선 후기의 중요한 실학자였던 이규경은 당시 서양에서 등장하기 시작한 비행 기술에 관심을 가지고 조선에서도 존재했던 하늘을 나는 장치에 대한 글을 남겼지만, 정평구란 인물에 대해서는 거의 알지 못했다. 임진왜란 당시에 발명된 비거는 이규경의 앞 세대 실학자였던 신경준의 글에 실린 이야기를 짧게 인용했을 뿐이다. 즉 이규경의 「비거변증설」은 임진년에 사용한 정평구의 비거를 핵심에 두고 그 모습과 원리를 재현한 글이 아니다. 그가 활동했던 1800년대에 하늘을 나는 장치가 서양에 존재한다는 소문을 듣고, 이에 관한 여러 자료를 조사해 원리를 밝히는 것이 목적이었다. 19세기의 하늘을 나는 도구를 검증하는 과정에서, 16세기의 하늘을 날았던 비거는 어디까지나 부차적인 근거였던 셈이다.

이 글에 등장하는 하늘을 나는 서양의 장치는 분명 열기구였다. 1784년에 프랑스의 발명가인 조제프 미셸 몽골피에(Joseph Michel Montgolfier)가 열기구로 첫 비행에 성공했다. 열기구는 큰 주머니에 뜨거운 공기를 모아서 그 부력으로 하늘을 나는 장치이다. 지금도 항공 스포츠의 분야 중 하나로 많은 사람들이 즐기고 있다. 이규경이 「비거변증설」을 저술하던 1830년대에는 서유럽부터 러시아까지 열기구가 선풍적인 인기를 끌었다. 「비거변증설」의 해석에서 여러 의견이 나왔던 대목이 있는데 바로 풀무◆를 이용해 공기를 일으킨다는 '탁약록로(橐籥轆轤)'이다. 이것이 비거의 추진 장치를 설명한다고 본 까닭에 여러 추측과 가설들이 제기되었지만, 개인적으로는 열기구의 작동 원리를 간단히 설명한 구절이라고 본다. 불을 때서 공기를 뜨겁게 데워 열기구를 띄우는 과정을 나타낸 것이다. 하지만 여기서 유의해야 할 점이 하나 있다. 이규경이 「비거변증설」 본문에 열기구에 대한 설명을 넣었더라도 정평구가 발명한 비거까지 이러한 열기구 구조였다는 단정은 대단히 성급하다는 것이다.

1800년대에 살았던 이규경이 과거에 존재했다고 전해진 비행 도구를 추측할 때, 그 당시에 사람의 힘을 이용한 비행 장치로 확인되었던 열기구를 중요한 예로 든 것은 당연하다. 지금 우리가 정평구의 비거를 이야기할 때, 현재의 비행기를 기준으로 삼아 불가능하다고 쉽게 단정하는 것처럼, 과거에 있었던 대상

◆ 불을 피울 때에 바람을 일으키는 기구이다. 골풀무와 손풀무가 있다.

을 상상할 때 그와 유사한 현재의 대상은 항상 큰 영향을 미친다. 이규경이 과거의 비거를 탐구할 때는, 당시의 열기구가 그러한 대상이었으며, 이 글에서 중요한 예시로 삼았다.

이규경의 「비거변증설」이 오늘날까지 주목을 받은 이유 중 하나는 제목에 '비거'라는 단어가 명시되었기 때문이다. 비거라는 단어가 임진왜란 때 정평구가 발명한 비행 수단만을 뜻한다고 인식되어, 이 글 전체가 그에 대해 설명하고 추론했다고 생각하기 쉽다. 이것은 큰 오해다. 비행기나 항공기처럼 하늘을 나는 장치가 발명되기 전이었으므로 이것을 표현할 새로운 단어가 필요했기 때문에, 서로 다른 시대와 장소에서 등장한 모든 비행 장치들을 오랫동안 구전된 비거라는 이름으로 불렀던 것이다. 이제는 열기구, 동력 비행기, 글라이더, 헬리콥터와 같이 비행 수단에 여러 종류가 있으며 이름도 각각 다르지만, 이규경의 시대에 비행 장치는 비거 한 단어로 표현할 수밖에 없었다. 그러므로 「비거변증설」에서는 고대 중국에 살았다는 기굉 씨의 비행 장치와, 서유럽과 러시아에서 사용하던 열기구, 그리고 한반도에 있었다고 전해지는 비행 장치들을 모두 비거로 불렀지만, 이것들을 동일한 구조, 방식의 비행 수단으로 가정하는 것은 옳지 않다.

19세기에 등장한 비행 장치들과 그 당시 조선의 상황을 고려해 이규경의 「비거변증설」을 이렇게 요약할 수 있을 것이다.

"현재 하늘을 나는 장치의 발명이 과연 가능한가? 지금 서양에서는 열기구를 발명해 하늘을 날 수 있다는데, 과거에도 이런 발명품이 있었다고 한다. 그 예로 옛 중국에서 기굉 씨가 하늘을 나는 장치를 만들었고, 임진왜란이 일어났을 때 왜군에게 포위당한 영남의 한 성에서 사용했다는 비행 장치도 있으며, 충청도에 산 윤달규(尹達圭)라는 사람이 비행 장치를 제작하는 법에 대한 책을 썼다고 하는데 전해지지는 않는다. 그 밖에 중국과 일본에서도 이러한 장치에 대한 이야기들이 남아 있다고 한다. 조선에 전해진 하늘을 나는 장치들의 정확한 구조는 알 수 없지만, 연을 모방한 형태로 새처럼 날개를 움직이는 방식이라면 날 수 있으리라 생각한다. 아마도 이러한 원리로 하늘을 나는 장치를 발명했을 것이다."

지금까지 이규경의 「비거변증설」은 비거의 제작 방법과 구조를 설명한 글로 알려져 왔지만, 이 글의 의도는 다양한 지역과 역사 속의 비행 수단을 고찰해 하늘을 나는 장치가 정말 가능한지 논의하는 것이었다.

현재 정평구의 비거를 아는 사람의 상당수가 이규경의 「비거변증설」을 기반에 두고 구조를 유추하는 까닭에, 열기구 혹은 연의 모양과 유사한 글라이더일 것이라고 단정한다. 하지만 「비거변증설」에 인용된 신경준의 「차제책」이나, 구전된 이야기를 종합해 보면 정평구의 비거는 임진년의 진주성에서 사용되었고, 2명 이상의 사람이 탈 수 있었으며, 약 12킬로미터의 먼 거리까지 조종해서 하늘을 나는 완전한 형태의 비행 장치였다고 볼 수 있다. 또한 이 정도의 수준 높은 비행체가 아니었다면, 비거는 전쟁에서 제대로 활약할 수 없었을 것이다. 따라서 긴 시간을 거쳐 오늘날까지 그 존재가 전해질 수도 없었을 것이다.

정평구의 비거는 지금의 비행기처럼 사람이 탑승, 조종할 수 있는 완전한 형태의 비행 장치였다. 그렇다면 비거를 어떻게 복원해야 할까? 지금까지 적지 않은 시간 동안 연구한 결과를 먼저 말하자면, 정평구의 비거와 완전히 동일한 비행 장치는 복원할 수 없다. 하지만 크게 실망스러운 일은 아니다. 정평구가 활동했던 조선 중기의 사회를 기준으로 삼아 당시의 과학적, 기술적 수준을 반영한 가설을 세우고, 우리의 상상력을 이용해서 가능한 형태의 비거를 구상할 수 있다. 이 비거를 실제 크기로 제작해서 비행 실험이 성공한다면, 미국의 라이트 형제보다 300년이나 앞서서 조선의 정평구가 비행기를 발명했다는 사실이 증명될 것이다.

조선 시대에 발명되었던 비행기, 즉 비거를 상상하려면 그동안 일방적으로 고집했던 이규경의 「비거변증설」에서 벗어나 정평구와 그의 발명품인 비거 자체에 초점을 맞춰야 한다. 우리가 확인, 검증할 수 있는 여러 기록과 사실을 맞춰 나가며 새로운 「비거변증설」을 써 나가야 한다. 현재와 과거의 하늘을 가로지르는 새로운 비거를 만나기 위해, 먼저 비거의 발명자인 정평구를 찾기로 했다.

4장

정평구 그리고 비거

이규경의 「비거변증설」에 묘사된 비행 장치는 그의 주관적인 생각을 적은 것으로 16세기 당시에 하늘을 날았던 정평구의 비거와는 연관성이 없다는 사실을 알았을 때, 임진왜란 이후에 기록된 사료들만 찾기보다는 우선 비거를 발명한 정평구라는 인물에 대한 사실을 종합해 봐야겠다는 생각이 들었다.

정평구는 1566년에 출생하여 1624년에 사망한 실존 인물이다. 본관은 동래(東萊)이고, 대호군파(大護軍派) 중 명금파(鳴琴派)에 속하며 동래 정씨의 시조인 정지원(鄭之猿)의 19세손 정계주(鄭繼周)의 아들이다. 본명은 유연(惟演)이고 호가 평구(平九)이다. 동래 정씨 명금파의 족보에 따르면, 정평구는 김제시 부량면 제월리에서 1566년 3월 3일에 태어났으며, 어려서부터 재주가 뛰어나 병법과 도술에 능했다고 한다. 조선 선조 24년(1591년) 무과에 합격했고, 임진왜란의 격전지 중 하나였던 1593년의 제2차 진주성 전투 당시에 비거를 발명해 일본군이 포위한 성의 외부 연락과 보급 수단으로 활용함으로써 큰 공을 세웠다고 한다. 전라북도 김제시 부량면 신두리에 위치한 정평구 묘의 비문에는, 그가 진주 병영의 별군관◆이라는 하급 무관 신분으로 제2차 진주성 싸움에 참여했으며, 이때 비거를 발명해 아군의 식량 보급과 군사 연락에 활용했을 뿐 아니라, 일본군에 포위된 성에서 성의 수령을 구출하는 활약을 했다고 기록되어 있다. 그의 묘는 태어난 고향을 마주 보는 명금산 남쪽 기슭에 있으며, 지금도 매년 후손들이 제사를 올린다고 한다.

◆ 別軍官. 조선 시대에 변란 등이 발생했을 때 특별히 뽑던 군관. 오늘날의 대위에 해당한다.

정평구에 관한 기록은 그의 출생지인 김제시의 공식 자료에서도 확인할 수 있다. 1884, 1885년에 각각 발간된 『김제읍지(金堤邑誌)』와 『김제군지(金堤郡誌)』에서는 정평구를 일컬어 "역사에 해박하여 재미난 이야기에 능했고 평소에 자유분방한 성품이었으며, 임진왜란 때 국가에 헌신하여 일본군을 농락한 인물이었다.(托蹟滑稽遊心放狂 丙亂赤身 通格淸陣)"라고 적고 있다. 이러한 기록들을 고려할 때 우리가 아는 정평구에 대한 행적은 여러 사료들에서 공통된다. 또한 정평구는 생각과 마음이 깊고 의협심과 정의감이 있을 뿐만 아니라 기지와 재치가 뛰어난 인물이었음이 드러난다. 김제 지역에 전승되는 정평구에 관한 다양한 일화들 속에서는 재치 있는 해학가의 면모가 특히 두드러진다.

학술지인 『구비문학연구(口碑文學硏究)』 제4집에 실린 김월덕(金月德)의 「전북 지역 구비 설화에 나타난 영웅 인식」이라는 논문에서는, 전북 지역에 구전되는 여러 영웅들을 일정한 유형으로 나누어 설명하는데, 그중에서도 정평구는 문화적 영웅으로 분류하고 있다. 문화적 영웅이란 일반 서민들의 공감을 얻어 자연스럽게 영웅으로 인식된 경우를 말하는데, 다른 인물들의 여러 일화들까지도 정평구와 관련된 일화로 전해지는 경우가 많다는 사실은 그만큼 서민들에게 광범위한 공감을 얻은 인물이었음을 뜻한다. 이 논문에서는 이러한 특징 덕분에 정평구 설화에 등장하는 그는 천민, 평민, 몰락 양반 등과 같이 신분이 고정되지 않고 다양하게 나타난다고 지적한다. 그리고 『김제군지』에서 정평구에 대해 설명한 "재미난 이야기(골계)에 능했다."라는 대목을 다음과 같이 상술하고 있다.

> "정평구에게 수식어처럼 따라붙는 '거짓말 잘하는 정평구', '꾀 많은 정평구'에서 볼 수 있듯이 정평구는 해학과 유머로 세계를 조롱하는 희극적 비판을 통해 민중의 공감을 얻어 영웅이 된 인물이다. 정평구와 같은 유형의 인물이 영웅적 존재로서 민중의 공감을 얻을 수 있었던 것은 정평구의 기지를 뛰어난 능력으로 인정하기 때문이다. "재주꾼이라야 거짓말을 잘하지 재주 없는 놈은 거짓말도 못하는 것"(전라북도 1989 : 1573)이라든지 "아마 영리했던 모양이어요, 거짓말도 잘하고 굉장했대요, 그래 그 사람이 영웅이어요, 영웅"(『대계』 남원군 90), "우리 한국에서는 뭐시냐, 영웅적인 인물이란 게 그런 수단을 부려서 (왜적을) 세 번이나 죽였어. 참 영웅적인 인물이여"(『대계』 부안군 638)라고 한 화자들의 말처럼 정평구의 기지

와 재치는 보통 사람을 능가하는 능력으로 인정받고 있다."

즉 정평구를 골계를 잘하는 사람으로 기억하고, 전북 김제 지역에서 허풍을 잘 떠는 사람이나 거짓말 잘하는 사람을 통틀어 "정평구 같은 놈"이라고 부르는 것은 그의 언변과 재치를 천부적인 재능으로 보았다는 반증인 셈이다.

처음에 그의 고향인 김제 지역에서 거짓말에 능한 사람을 "정평구 같은 놈"이라고 한다는 글을 읽고서, 불현듯 의심이 든 적이 있었다. 혹시 비거도 정평구가 혼자서 만들어 낸 이야기를 마을 사람들에게 퍼뜨려 현재까지 알려진 것일지도 모른다는 생각이 스쳤기 때문이다. 하지만 모든 거짓이 그러하듯, 허위로 가공한 정보나 이야기는 오랜 시간을 견뎌내지 못한다. 무엇보다도 가짜로 꾸민 이야기는 사람들에게 서로 이야기하며 전승할 만한 동기를 부여하기 어렵기 때문이다. 그런 까닭에 비거가 처음 발명된 후로 400년의 시간이 지나면서 여러 사정에 따라 본래 사실보다 확대될 수는 있지만, 정평구와 그의 비거 자체가 가공된 이야기라고 부정할 수는 없다.

정평구가 허풍을 잘 치는 사람으로 인식된 것은, 그 당시에는 불가능해 보였던 일들을 정평구가 특유의 발상으로 가능하게 만든 결과였을 것이다. 뛰어난 발명가가 동시에 엄청난 괴짜라는 별명을 얻는 경우가 많듯이, 거짓말을 잘하는 정평구, 허풍도 잘 떠는 정평구라는 이미지 또한 시대를 앞서 나간 그에 대한 나름의 평가이다. 재담과 임기응변에 능했던 정평구의 독특한 인품과 영웅적인 행적을 짐작하게 하는 두 일화가 있다. 이 이야

才談. 익살과 재치를 부린 재미있는 이야기 혹은 그런 이야기를 하는 것을 뜻한다.

기들은 다른 위인들의 생애에서 볼 수 있는 것과는 확실히 다른 일화로서 위에 언급한 김월덕의 논문에서도 정평구 고유의 것으로 소개하고 있다.

(1) 당산이 명당이다

정평구는 성격이 호탕해서 다양한 일을 해 먹고 사는 친구들이 많았다. 그중에 행실이 바르고 생각도 맑지만, 하루 3끼 때우기도 어려울 정도로 가난한 선비가 있었다. 평소에 정평구는 이 친구가 마음에 걸려서 도와줄 방법이 없는지 고민했다. 그러던 어느 날 무슨 생각이 떠올랐는지 풍수지리에 밝은 지관◆을 찾아가서는 이 친구의 이야기를 하며 좋은 묏자리를 찾아 달라고 부탁했다. 평소에 정평구의 재주를 직접 확인해 보고 싶어 했던 지관은, 일부러 다른 명당을 제쳐 두고서는 특이한 자리를 알려주었다. 그곳은 묘를 쓴다면 크게 발복할 대단한 명당이지만, 그럴 수 없는 곳이었다. 바로 마을의 수호신인 당산나무가 있었기 때문이다. 지관은 제아무리 꾀가 많은 천하의 정평구라고 해도 이 당산에 묘를 쓸 재주는 없으리라고 짐작했던 것이다.

◆地官. 풍수설에 따라 집터나 묏자리 등의 좋고 나쁨을 가리는 사람을 말한다.

　정평구는 지관이 일러준 마을의 당산 자리에 친구 조상의 묘를 쓰기 위해 지혜를 짜냈다. 먼저 이 가난한 선비 친구를 찾아가서 사정을 이야기하고 밤을 틈타 몰래 당산이 있는 자리에 조상을 매장했다. 마을 사람들이 눈치채지 못하게끔 둥그런 봉분은 만들지 않았다. 그리고 냅다 서울로 올라가서는 양반들이

거제 명진리 당산나무

사는 동네를 돌아다니며 자기 고향 마을의 당산이 그렇게 대단한 명당이라면서 여기저기 소문을 내고 다녔다.

이 이야기가 곳곳에 퍼지자 지체 높은 어느 대감이 이 마을 당산에 진짜로 조상의 묘를 만들려 한다는 소식이 전해졌다. 그 대감은 원님보다 권세가 있어서 누구도 막을 방법이 마땅치 않았다. 그러자 사람들은 지모가 뛰어난 정평구에게 몰려와서 무슨 수가 없겠느냐고 하소연을 하기에 이른다. 이에 제 아무리 대단한 대감이라 해도 남의 묘를 파헤치고서 새로 조상을 묻을 수는 없는 법이니, 당산 자리에 거짓으로 봉분을 하나 올리면 되지 않겠느냐고 그는 짐짓 능청스럽게 말했다. 사람들은 과연 그렇다면서 잽싸게 근사한 봉분을 당산 자리에 만들었고, 어느새 이 마을 당산에 정평구 친구 집안의 묘가 완성되었다. 이 대단한 명당에 조상을 모신 정평구의 친구는 그 뒤로 높은 벼슬을 하며 부귀영화를 누렸다고 한다.

(2) 벌통과 화약통

임진왜란 때 왜적이 군량미를 확보하기 위해 경상도의 대구, 김천을 거쳐 전라도 무주로 진격해 왔다. 소식을 들은 정평구는 보물 상자처럼 비싼 비단으로 감싼 상자를 수십 개 마련해서 무주로 떠났다. 일본군이 진격해 오는 첫 번째 길목에 상자 중 절반을 내려놓고서 주위에 금가락지 두어 개를 떨어뜨렸다. 일본군 병사들이 그것을 보고는 값비싸 보이는 상자에 금가락지까지 있으니 백성들이 버리고 간 보물 상자일 것이라 짐작하고서 앞다퉈 달려들어 상자를 때려 부쉈다. 그러자 상자에서 잔뜩 성이 난 벌떼가 튀어나왔다. 무수한 벌들이 일본군을 쏘아 대면서 쫓아 왔다.

첫 상자를 내려놓고 길을 재촉한 정평구는 일본군이 올 다음 길목에 또 상자를 부리고 미리 준비한 벌들을 주위에 풀어 두었다. 벌들에게 혼쭐이 난 일본군이 겨우 도착해서, 전과 같은 상자 무더기와 주변을 날아다니는 벌을 보고는 비웃으며 마른풀을 모아 상자 주위에 불을 붙였다. 상자 안의 벌집과 벌들을 태워 버리기 위해서였다. 하지만 불을 붙이자마자 요란한 폭발음과 함께 마구 번지며 일본군 상당수가 죽거나 큰 부상을 입었다. 두 번째 상자에는 벌집이 아니라 화약이 가득 들었던 것이다. 벌이 가득 찬 첫 번째 상자는 단순한 함정이 아니라, 벌에 잔뜩 당해서 화가 난 일본군이 두 번째 상자에 불을 붙이도록 만들려는 유인책이었던 셈이다.

두 이야기는 오랜 시간이 흐른 지금 듣더라도 재치가 넘칠

뿐만 아니라 통쾌하기까지 하다. 보통 사람들은 쉽게 생각해 내기 어려운, 기발하고 잘 짜인 계획이었기 때문이다. 여기서 볼 수 있듯이 정평구는 서민들이 따르는 지혜로운 인물이었으며, 임진년에 비거를 발명해 전투에서 활약을 했다는 사실 역시 이러한 그의 생애에 대한 이해에 바탕을 두어야 한다. 정평구는 타고난 지혜와 재기로 주변 사람들에게 널리 인정받았고, 더 나아가 국가가 존망의 위기에 놓인 임진왜란에서 비거로 전투에 기여하면서 오래도록 기억되는 영웅이 되었다. 위에서 살펴 본 여러 기록과 전승 사이의 공통된 내용을 검증하여, 이러한 사실을 확인했다.

5장

정평구는 어떻게 비거를 구상했을까?

정평구라는 인물의 생애를 살펴보더라도, 어려서부터 총명하며 생각이 깊었던 그가 하늘을 나는 장치인 비거를 발명해, 전투에서 사용한 것은 충분히 실현 가능한 일이다. 정평구는 사물을 관찰할 때 자신만의 특유한 발상을 해 내는 인물이었을 뿐만 아니라, 그가 화약을 다루는 무관이었다는 기록을 받아들인다면 비거의 발명 가능성은 더욱 높아진다. 물론 이런 요소들만으로는 정평구가 그 시기에 비거를 발명했다고 확증하기 어렵다. 정평구가 비거를 발명해 낸 더욱 구체적인 계기와 구상 과정을 재구성해야만 한다. 즉 철저히 임진왜란 당시의 16세기 조선에 살았던 하급 군관인 정평구의 입장에서 생각하고 가정해야만 비거라는 조선의 비행 장치를 현실화할 수 있다.

정평구라는 인물이 아닌, 그가 발명한 비거를 이해하기 위해서는 우선 발명한 이유와, 구상 과정에 대한 구체적인 추론이 필요하다. 내 견해를 서술하기 전에, 먼저 살펴봐야 할 것이 있다. 바로 우리가 비거의 궁극적인 기준으로 삼고 있는 현대 비행기들의 설계, 제작 과정이다. 비록 전모를 상세히 다루기는 어렵다 해도, 대략의 방식을 살펴보고 비거의 발명 과정에 적용할 필요성은 충분하다.

제작사에 따라 약간의 차이는 있지만 현재 하늘을 나는 모든 비행기는 규모와 무관하게 일정한 과정을 거쳐 설계된다. 개념 설계, 기본 설계, 그리고 세부 설계이다.

개념 설계는 제작할 비행기의 목적을 정하는 단계다. 먼저 항공사의 요구나 항공기 시장의 판도를 예측해서 개발하려는 비행기가 갖추어야 할 조건을 작성한다. 탑승 가능한 인원 수, 기체의 크기, 비행 속도, 항공기 가격처럼 비행기의 여러 사양에 요구되는 조건을 정리하는 것이다. 그 다음에 요구 조건과 비슷한 다른 항공기들의 데이터들을 조합해서 새 항공기의 기본 형상을 설정한다. 날개나 엔진의 위치와 동체의 모양, 기체의 크기 등을 정해서 스케치하는 것이다. 이어서 개발하려는 비행기와 유사한 비행기들의 데이터를 취합해 수학적으로 계산할 수 있는 항공기의 여러 매개 변수들을 추론한다. 대표적인 예를 들자면 날개 면적, 항공기 무게, 연료 무게, 이착륙 속도, 실속 속도, 순항 거리 등이 있다. 이런 변수 값들을 기준으로 삼아 항공기의 최종적인 외형까지 결정하는 단계가 바로 개념 설계이다. 요약하면 개념 설계는 어떤 비행기를 만들지와 대략적인 성능, 형태를 결정하는 기초 단계이다.

개념 설계에서 결정된 성능과 형태를 기본 설계로 구체화한다. 앞의 단계보다 더 복잡한 수식을 사용해 항공기의 구체적인 치수를 정하고, 제작하려는 항공기의 소규모 모형을 만들어 풍동 실험을 하는 등, 여러 실험을 해서 설계의 타당성을 검증한다. 기본 설계 과정을 거치면 비행기의 설계가 기본적으로 마무리되었다고 할 수 있다.

세부 설계는 기본 설계의 결과를 이용해서 각 부분별로 상세한 도면을 만드는 단계다. 실제 항공기 제작에 필요한 여러 도면을 만들고, 각 부분들의 조립 방법, 순서, 과정을 모두 결정해야 한다. 그런 만큼 시간이 가장 길고, 인원도 가장 많이 필요한 단계여서 다소 지루하기도 하다.

개념 설계, 기본 설계, 세부 설계의 과정을 거쳐서 완성된 설계 도면으로 먼저 시제품 항공기를 1~2대 정도 제작한다. 이것을 시제기(試製機, prototype)라고 하는데, 설계가 잘 되었는지에 대한 최종 검사를 받는 용도다. 실제로 하늘에 비행시켜서 처음 설계 과정에서 목표한 성능에 부합하는지 확인하고, 고쳐야 할 사항이 나오면 설계 변경을 하고 재시험하는 방식으로 최종 제품을 생산하기 위한 설계를 확정한다.

항공기 개발의 마지막 단계는 최종 확정된 설계도로 항공기를 대량 생산해 납품, 판매하는 것이다.

그렇다면 정평구도 이런 과정을 거쳐서 비거를 발명했을까? 다소간의 차이는 있겠지만, 유사한 과정으로 비거를 제작했을 것이라고 본다. 먼저 정평구는 자유롭게 하늘을 나는 새를 보며 사람이 비행할 수 있는 장치를 만들고자 했을 것이다. 또한 연을 하늘 높이 띄우면 멀리서도 보이듯이, 사람이 새처럼 하늘 높이 난다면 먼 거리까지도 내다 볼 수 있어서 적군의 동태를 감시하기에 적절하다. 다른 장소로 이동할 때도, 걷거나 말을 타고 땅에 난 길을 따라 가는 것이 아니라, 새처럼 신속하게 직선거리로 이동할 수 있다는 장점까지 생각했을 것이다. 그러므로 이러한 이점을 고려해서 아래와 같이 비거가 갖춰야 할 기본 사항을 정리했다고 본다.

1. 새처럼 자유롭게 하늘을 날아야 한다.
2. 사람이 탑승할 수 있어야 한다.
3. 탑승한 사람은 원하는 곳으로 이동이 가능해야 한다.
4. 물과 땅 위에 내려앉을 수 있어야 한다.

이러한 사항을 정리했다면, 다음으로는 처음 비거를 생각하게 만든 새를 보며 기본 형태를 구상한다. 새가 하늘을 나는 모습을 자세히 관찰하고, 당시에 자연을 설명한 이론들을 최대한 동원해 새의 비행 원리를 해석한다. 그 다음에 이러한 원리가 적용된 주변의 사물들을 이용해서 비거의 대략적인 형태를 정한다. 구상한 형태를 기본으로 삼아 제작한 작은 모형을 실제로 하늘에 날려 보았을 것이다. 비행이 가능한 형태인지 확인해야 하기 때문이다. 모형의 비행 상태를 확인하면서 서서히 모형의 크기를 키운다. 바로 이 과정에서 모형의 무게와 날개의 크기 사이에 작용하는 일정한 관계를 파악한다. 다음으로는 새를 관찰하며 알게 된, 공중에서 비거를 조작하는 방법과 같은 비행 기술을 이해하게 된다. 정평구가 비거를 발명했을 때는 여기까지가 개념 설계의 단계였다고 말할 수 있다.

이어서 앞의 단계에서 파악한 무게와 날개 크기의 연관성을 적용해 사람이 탑승 가능한 크기의 비거 모형을 만들어 날아 보면서 실제 비거에서 수정해야 할 부분을 파악하고, 새를 보며 상상한 비거의 형태가 실제 사람을 태워서 하늘을 날 수 있다는 사실에 대한 확신을 얻는다. 이것이 기본 설계 단계이다.

마지막으로 정평구 자신이 탑승해 비행할 비거를 만드는데, 이 단계에 이르기까지 여러 개의 모형을 시험하는 동안 지식과 경험이 축적되었으므로 제작에 걸리는 시간이 단축되고 보다 수월하게 완성할 수 있다. 항공기를 설계할 때 시제기를 만드는 단계와 같아서, 중간의 세부 설계는 앞에서 여러 차례 모형과 비거를 제작하며 얻은 경험으로 충분히 대체 가능했을 것이다. 실제 비거에 탑승해 하늘을 날아 보면서 비거의 조종 방법을 터득하고, 실전인 진주성 전투에서 외부와의 연락과 보급품 수송 임무를 수행하는 사이에 폭탄을 투하하거나 활을 쏘며 직접 전투에 참여해 활약하게 된다.

어디까지나 개인적으로 구상한 정평구가 비거를 발명해서 완성해 나가는 이 과정에, 현재의 항공기 개발 과정과 차이점이 있다. 지금처럼 다양한 이론들을 적용해 설계 도면과 같은 문서상에서 검증하는 과정이 대부분 생략되었고, 그 대신 비거와 모형의 실제 제작 및 실험 비행을 하면서 획득한 경험적인 지식이 추가되었다는 점이다. 즉 검증된 비행 이론에 따른 완성도보다

청자 동화 연화문 표주박 모양 주전자

는 실제로 비거를 제작하고 날리며 알게 된 지식이 핵심이 되어 발명이 이루어진 것이다. 이런 식의 접근법은 최종 개발품의 성패가 발명자의 생각에 크게 좌우되는 상당히 주관적인 개발 방식이다. 물론 이것은 정평구가 활동했던 조선 시대와 그 이전부터 널리 사용되었고, 주로 이런 식으로 작업하는 사람들을 지칭하는 단어도 있다. 그것이 바로 '장인(匠人)'이다.

장인은 어떤 결과물을 제작해 낼 때, 자신이 겪고 들은 경험들을 가장 중요하게 생각한다. 똑같은 재료와 방법으로 만들더라도, 장인의 경험에 따라 결과물의 품질은 천양지차다. 대표적인 예가 우리도 잘 아는 고려청자(高麗靑瓷)이다. 비색(翡色) 혹은 하늘빛으로 불리는 고려청자 특유의 색감은 여러 요인이 복합적으로 작용해 발현되는 특성으로, 유약의 구성 성분과 비율을 안다 해도, 그것을 입혀서 도자기를 구워 내는 경험이 없으면 낼 수 없는 색이다. 고려청자 특유의 색이 지금까지 전승되지 못한 이유는 다양하다. 그중에서도 가장 근본적인 원인은 글이나 말로는 전달할 수 없고 오랜 시간 동안 제작을 반복하며 스스로 체득해야만 하는 경험에 크게 의존한다는 점이다. 따라서 경험을 쌓을 충분한 시간과 기회를 얻지 못하면 청자의 제작 기술은 온전히 전수되기 어려운 것이다.

정평구의 비거는 비교적 짧은 시간 동안 여러 차례의 실험을 실시하고 수많은 경험을 축적해서 제작한 발명품이었다. 자연을 일방적으로 이용하지 않고 최대한 특성을 존중하며 활용한 조선 시대의 과학 기술과 정평구 스스로 구상하고 반복해 제작하며 쌓인 폭넓은 지식과 체험이 결합함으로써 비거가 조선의 하늘을 날았다. 그러므로 비거는 정평구의 탁월한 발상과 우리 민족의 고유한 장인 정신이 융합된 발명품이라고 말할 수 있다.

하지만 개인적인 경험과 지식이 중요한 역할을 차지하는 특성 탓에 정평구가 발명한 비거를 다른 사람들은 정확히 재현하기 어려웠던 것도 사실이다. 「비거변증설」에 따르면 18세기에 충청도에 살던 윤달규라는 사람이 많은 노력을 기울여 비거를 재현했다고 하지만, 그에 대한 구체적인 기록 역시 남아 있지 않은 점을 볼 때 당시의 통념을 뛰어넘은 비거의 발상을 체계적으로 정리하는 것이 그만큼 쉽지 않았다는 사실을 미루어 짐작할 수 있다.

이것이 현대의 항공 이론과 보편적인 항공기 설계 방식을 인용해 재구성한 비행체가 완벽하게 정평구의 비거를 옮겨 왔다고는 말하기 어려운 이유다. 그는 인간이 하늘을 날 수 없다고 모두가 믿었던 시기에 비거를 구상했고, 독자적인 노력을 거듭해서 실현시켰다. 그의 시대는 오늘날과 같이 누구나 인간이 하늘을 날 수 있다고 생각하지도, 그것을 가능하게 하는 여러 기술과 조건에 대한 광범위한 지식이 존재하지도 않았다. 하지만 정평구는 자신이 사는 시대의 방식에 따라, 자연 속에서 재료와 새로운 발상의 단서를 모아 가며, 비거를 완성해 나갔던 것이다. 그런 까닭에 비거에 최대한 가깝게 다가가려면, 먼저 우리는 정평구가 되어야 한다. 자연에 대한 관심과 경험 속에서 얻은 지식을 소중히 여기는 우리의 전통적인 과학 사상과 기술을 받아들여야 하는 것이다. 바로 장인의 마음을 갖는다는 뜻이다.

이규경의 『오주연문장전산고』 중

「비거변증설」 전문

수레는 땅 위에서 끌고 다니고, 배는 바람을 타고 물 위에서 움직이는 것을 누구나 안다. 하지만 수레를 만들어 하늘을 날게 하고, 배에 큰 바퀴를 달아 물 위를 굴러가게 한다면, 전혀 새로운 발명이라고 말할 수 있다.

만약 이러한 새로운 발명품이 가능하다면, 하늘을 나는 수레와 물 위에서 바퀴를 굴리는 배가 이미 과거에 존재해서 기록으로도 남아 있을 것이다. 그러므로 기록을 이용해 이 발명품을 증명할 수도 있다. 그러나 발명이 불가능했다면, 단지 꿈속에서나 가능한 허풍들만 남았을 것이다. 하늘을 나는 수레에 대해 품은 의문이 너무 커져서, 먼저 과거 사실에 대한 사서의 기록을 설명하며 이 궁금증을 풀어 보고자 한다.

우선 중국의 옛 전설에 등장하는 삼황오제(三皇五帝)에 대한 역사서인 『제왕세기』에 이런 대목이 있다. "기굉 씨라는 사람은 이곳 궁궐에서 4만 리나 떨어진 곳에서 사는데, 비거를 만들 줄 알아서 바람을 타고 멀리까지 다닐 수 있었다. 탕왕◆ 때에 서풍이 불어오자 비거를 타고 예주에 이르렀는데, 임금이 그 비거를 부수어 버리면서 그곳 백성들에게 보여 주지 못하게 했다. 그 후 10년 만에 동풍이 불자 다시 비거를 만들어서 타고 되돌아가도록 허락했다." 그러나 이 글은 혼란했던 시절에 기록된 전설인 까닭에 사실 그대로라고는 믿기 어렵다.

◆湯王. 고대 중국 하나라의 걸왕을 쫓아내고 은나라를 세웠다.

러시아는 중국에서도 수만 리나 떨어진, 유럽과 중국 사이에 자리한 나라다. 요즘 이 나라 사람들은 네 바퀴가 달린 비거를 제작해 하루에 천릿길을 간다고 한다. 또한 다른 서양 사람들도 비거를 가졌는데, 이 물건은 장작을 때고 풀무질을 해서 더운 바람을 일으켜 그것을 기운삼아 공중에 떠다닌다고 한다. 산과 강 위를 지나갈 수도 있고, 전쟁 중에 적의 공격을 막는 데 유용하다고는 하나 직접 내 눈으로 보지 못했기 때문에 얼마나 사실에 가까운지는 정확히 파악하기 힘들다. 뜨거운 공기를 이용해서 하늘에 떠 있는 것은 가능하리라고 생각한다.

우리나라에서는 신경준◆◆이 과거 시험 중 정치에 관한 계책을 올리는 과목에서 「차제책」라는 글을 올려 이와 같이 말했다.

◆◆전라도 순창군 사람으로, 조선 전기의 문신인 신말주(申末舟)의 후예이다.

"임진년에 왜국의 괴수들이 창궐했을 때 영남 지역의 고립된 한 성이 겹겹이 포위를 당해 금방이라도 함락될 위기에 처했습니다. 이때 성주와 매우 친한 사람 중에서, 평소 아주 색다른 기술을 지닌 이가 있었습니다. 그가 비거를 만들어 타고 성안으로 날아 들어가, 벗을 태워 성 밖으로 30리를 비행한 뒤 착륙해 왜적의 칼날을 피했습니다."

만약 이 이야기가 사실이라면, 우리는 옛날부터 하늘을 나는 방법을 알아서 그런 기계를 만들 수 있었지만, 단지 전해지지 않았을 따름이다. 기굉 씨나 영남 사람이 만든 비거는 지금의 러시아와 유럽에서 타는 것과 같이 하늘을 날아다닐 수 있는 발명품이었던 것이다.

우리나라 사람들이 청나라에 머물면서 어쩌다 러시아 인과 만났을 때, 이렇게 하늘을 나는 방법에 대해서는 묻지도 않고, 망원경 같이 사소한 물건에만 집착하는 이유는 무엇인가? 바로 경제에 관심이 없기 때문이다.

청나라 사람인 구양형(歐陽衡)은 "1573~1619년에 부제국(浮提國) 사람이 강우에 와서 수일을 머물다가 날아가 버렸다."라고 『종신록(從信錄)』에 적었으며, 서거원(徐巨源)도 이 일을 상세히 언급한 적이 있다.

『황명말기이』◆에도 비슷한 이야기가 있는데, 당시에 어사였던 섭영성(葉永盛)이 강우 지방을 순찰할 때 그곳의 유사가 이와 같이 보고했다.

"자신들이 연금술◆◆에 능하다고 말하는 한 무리의 떠돌이들이 있었습니다. 그들은 술을 많이 마시고 잡스러운 오락을 즐겼으며, 그들이 지닌 물건은 매우 사치스러워 보였습니다. 많은 양의 보석들을 사면서 비단으로 값을 치렀는데, 항상 값을 넉넉하게 치러 주었습니다. 저녁 무렵이 되자, 갑자기 사라진 까닭에 이상한 생각이 들어 그들이 머물던 여관을 뒤졌지만, 어떤 흔적

◆ 皇明末記異. 명나라 말의 기이한 이야기들을 모은 책이다.

◆◆ 鍊金術. 고대 이집트에서 시작되어 아라비아를 거쳐 중세 유럽에 전해진 원시적 화학 기술. 구리·주석·납 등으로 금·은과 같은 귀금속을 제조하고, 나아가서 늙지 않는 영약을 만들려고 한 화학 기술이다.

도 없었습니다. 그러다가 다음 날 이른 아침에 다시 나타나니 매우 기이한 일이라 여겨, 어사께 이들을 샅샅이 수색할 것을 청했지만 허락받지 못했습니다. 어사는 그 대신 이들을 소환했습니다. 그들은 강우 지역의 말을 능숙히 구사하며 자신들은 바다 건너의 부제국 사람이라 했으며, 연금술도 부릴 수 있다고 말했습니다. 그중 한 사람이 7척 크기의 돌 하나를 손에 쥐고 있었는데, 그것을 책상에 올려놓으니 사방의 물건이 가운데에 투영되어 작은 먼지까지도 자세히 보였습니다. 또 그들은 금으로 만든 작은 함을 지녔는데 그 안에 어떤 경전이 담겨 있었습니다. 검은 종이에 녹색 글씨가 쓰였는데, 불교에 관한 내용 같았습니다. 그것을 다 읽자마자 모든 글자가 사라져 버렸습니다. 그들은 이 두 물건을 섭 어사에게 헌납하기를 원했습니다. 그러자 섭 어사는 '너희들은 다른 나라의 사람이 분명하니 바치는 물건들을 받을 수 없다. 속히 이 나라를 떠나서 우리 백성들을 홀리지 말라.'라고 명했고 그들은 머리를 조아리며 돌아가 버렸습니다."

바다 건너 땅에 부제국이라는 나라가 있는데 그곳 사람들은 모두 천하 유람을 좋아했으며 찾아간 지방의 말을 잘 쓰며, 그 지방 옷을 입고 그 지방 음식도 잘 먹었다. 술을 즐겨 자제하지 않고 마셨으며 간혹 유흥가에도 들렀다. 그러다가 고국에 돌아가고 싶어지면 한 순간에 바람을 일으켜 홀연히 1만 리나 이동할 수 있었다.

이것은 내가 들었던 서역 사람들이 부리는 마술과는 전혀 다르다. 마술은 한 순간에 다른 사람의 눈을 속이는 기술인데, 아무리 대단한 마술을 부려도 대양을 건널 수는 없기 때문이다. 등옥함◆이 그린 『원서기기도설(遠西奇器圖說)』에 사람을 태우고 나는 도구의 그림이 있는데 원본은 사라져서 전하지 않는다. 혹시 그 신기한 기술을 숨기려고 그림을 없앤 것은 아닐까?

위에 적은 이야기들은 모두 서양 사람들이 행했다고 전해지는 일이므로 중국 고대의 기굉 씨가 만들었다는 비거에서 영향을 받았다고 생각하기 어려우며, 등옥함이 그렸다는 그림 또한 원본이 없기 때문에, 기굉 씨의 비거가 영향을 미쳤다고 보기 힘들다.

중국 중세의 일화집인 『태평광기(太平廣記)』에 노반(魯班)이라는 사람이 나온다. 돈황 출신으로 생몰연대는 정확히 전해지지 않는다. 양주에 살며 마치 귀신처럼 교묘한 기술로 부도(浮圖)와 나무 연을 만들었는데, 그 연을 타고 올라가 문설주◆◆를 3번 때리고 내려 왔다고 한다. 『홍서(鴻書)』라는 책에는 당(唐) 목종(穆宗) 시절의 한지화(韓志和)라는 사람에 대한 얘기가 나온다. 본래 일본 사람으로 나무 조각에 능해 여러 새들의 형상을 만들었는데, 물을 마시거나 모이를 쪼는 모양새가 진짜 새와 다르지 않았다고 한다. 이 새의 뱃속에 어떤 기관을 설치하자 날기 시작하더니 구름을 넘어서 100척 높이까지 올라가 200보 가량 떨어진 곳에 내려앉았다고 한다. 만일 이 기술을 수레에 적용한다면 능히 하늘을 날 수 있을 것이다.◆◆◆

우리나라의 한 사람이 원주와 노성에 숨겨졌던 비거에 대한 문헌을 찾아서 전했다고는 하나, 그것만으로는 믿기 어려운 이야기다.◆◆◆◆

만일 이 비거가 존재했다면, 바람을 타서 날며 먼지를 일으

◆ 鄧玉函, 본명은 요한 슈레크(Johann Schreck). 15세기 중국 명나라에서 활동한 독일 출신의 예수회 사제로, 서양의 과학 기술을 전파하는 데 힘썼다.

◆◆ 문짝을 끼워 달기 위하여 문의 양쪽에 세우는 기둥이다.

◆◆◆ 『두양잡편(杜陽雜編)』에는 "당나라 목종 연간에 비룡사(飛龍士, 당에서 말을 기르기 위해 설치한 관청의 관리)였던 한지화(韓志和)는 본래 일본 사람으로 호랑이를 조련하여 춤추게 한 사람인데, 오대무(五隊舞)와 양주곡(梁州曲)라는 음악도 지었다."라는 기록이 있다.

◆◆◆◆ 이런 이야기도 전해진다. "예전에 원주에서 어느 사람이 소장한 책을 봤는데, 비거에 관한 내용이었다. 그 책에는 가죽으로 고니나 따오기의 모양을 본떠 만든 비거에 4명을 태울 수 있었으며, 아랫부분을 치면 바람이 일어 공중에 떠올라 100장(약 300미터)을 날아갔다고 적혀 있었다. 하지만 회오리바람(양각풍(羊角風))이 불면, 전진하지 못한 채 추락해 버리고, 거센 바람이 불어도 날지 못했다. 그 책에 비거 제작 방법이 상세히 기록되어 있는 것을 보았다."

그 밖에도 전주 사람인 김시양(金時讓)은 "호서 지방의 노성에 사는 윤달규라는 사람은 명재(明齋) 윤증(尹拯)의 후손으로 정교한 기계를 잘 만들었다. 이 사람 또한 비거의 제작법을 깨닫고 글로 써서 남겼지만 감춰 두고서 남들에게는 보여 주지 않은 탓에 자세한 내용은 알 수 없다."라고 말했다.

키고 천지와 사방을 마치 집 앞 마당처럼 돌아다닐 수 있을 것이다. 어찌 상쾌하지 않겠는가!

비거를 온전히 모방해 제작하려면 우선 수레에 깃털로 만든 날개를 달아야 한다. 그 안에 장치를 달고 사람이 올라타서 작동시키는 것이다. 기계에 오른 사람이 수영을 하듯이 팔다리를 움직이면 수레는 굼벵이가 기듯이 꿈틀대며 바람을 일으킨다. 바람으로 수레의 양 날개가 퍼덕이며 스스로 허공에 떠서 순식간에 1,000리를 간다. 기세로 말하자면 열어구(列御寇, 열자(列子)의 이름)가 하늘로 날아갔다가 15일 만에 돌아온 일이나, 붕새가 한번에 3,000리를 나는 것이 이보다 더 낫겠는가.

비거는 밧줄로 묶어서 만드는데, 그 매듭들이 종횡으로 얽혀서 한 쪽이 팽팽해지면 다른 쪽이 느슨해지는 식이었다. 이 밧줄들이 기계 안에서 풀무를 움직여 바람을 일으키면 곧 양 날개가 펄럭댔고, 강한 바람이 불더라도 공중으로 떠올랐다. 비거는 새가 나는 원리를 본받아서 바람의 기운을 빌어 기계를 움직였으므로 자유롭게 비행할 수 있었다. 그러므로 이러한 방식의 비거는 충분히 상상해 볼 만하다. 하늘을 나는 원리가 그 속에 있지만, 일단은 나 혼자만의 생각으로 여기고 밖에서 이야기하지 않는 것이 옳을 것이다.◆

◆(위원이 쓴) 『해국도지』라는 책에도 비거를 그린 그림이 있으니 나중에 좀 더 상세히 살펴보려 한다.

方則聊筆記其畧以代炎天淸凉散矣
王仲都暑衣法即龍涎石乳塗青布酷日中行熱
不透褁鹽冰梅緩步可以无汗又无汗衣法以裨
茶染麻衫最爽汗藷粮藤似山藥結宲如小瓜以
染葛作汗衫則不近膚而爽然

飛車辨證說

車行於地舟行於水即舟車之常也今也斵輪而使
之飛刳木而使之轉即舟車之異也必无是理即理
之當然者也必有其理即理之反常者也欲不信則
車之飛者舟之轉者故在而記之於書者可徵也欲

「비거 변증설」 원문 1

信之則世不常有而但見於簡策者載垂空言而已
吾於是乎惑矣因其惑而論其遺蹟以破滋惑否按
帝王世記奇股民去玉門四万里能為飛車從風遠
行湯旹西風吹至豫州破其車不以示民十年東風
至復作車賜之此鴻荒之世假謬之說不可攷今鄂
羅斯距中夏數万里介處歐邏巴中國之間而製飛
車輪凡四面日行千里云且西隅人有飛車全用橐
籥韛爐之術鼓風生氣浮行空中水陸無礙利於臨
亂禦敵云不能目擊則其有無不可知者苟求其理
則亦出氣法近世中丞宣景濬湖南淳昌郡人即申叔舟後裔云嘗對

「비거 변증설」 원문 2

筞車制曰壬辰倭酋猖獗也嶺南孤城方被重圍亡
在晰夕有人與城主甚善而素抱異術迺作飛車飛
入城中使其友乘而飛出行三十里而卸於地上以
避其鋒若然則自昔有其制而東人亦能之特未之
傳於世也奇肱之車嶺人之制乃是鄂羅西隝之法
也我人每入燕都或接鄂羅人而未嘗叩其制度但
求其玻瓈鏡窰何哉短於經濟故也歐陽衡曰万曆
中浮提國人來江右數日飛去從信錄記之徐巨源
詳焉皇明末記異万曆末葉御史永盛按江右有司
呈一群狂客自言能為黃白事極飲娛樂市物甚侈

「비거 변증설」 원문 3

多取珠玉綺繒償之過于直及暮忽不見詰至逆旅
衣裳則无有比早復来甚怪之請大搜索不許葉召
至前能為江右土語自言為海外浮提國人且不諱
黄白事難為也手持一石似水晶可七尺許置于案
上下前后物々映其中極寧毛芥又持一金鏤小函
中有經卷鳥楮綠字如般若語覧畢則字飛其人願
持二者為献葉曰汝等必異人所献吾不受然可速
出境毋惑吾民於是叩頭而去盖海外有浮提国其
人皆飛仙好遊行天下至其地能言土人之言服其
服食其食喜飲酒无數亦或寄情於陽岩別館欲還

「비거변증설」 원문 4

其國一呼吸可万里忽然飄擧方愚者以智比諸聾
觧人(西国名)之幻法愚以爲非也幻者頃刻瞞人之術
爾豈有自瞞而匈越大洋也哉遠西鄧玉函奇器圖
載人飛器而原本佚焉其或秘其術引而不發之意
歟鄂羅西隅既在西土則安知非奇肱之遺種玉函
之器又安知匪奇肱之遺制者乎太平廣記魯班燉
煌人莫詳代年巧侔造化於涼州造浮圖作木鳶每
擊楔三下乘之以歸鴻書唐穆宗時韓志和本倭人
善雕木作鸞鶴鵶鵲之狀飲啄動靜與真无異以關
捩置腹中發之則凌雲奮飛可高百尺至二百步外

「비거 변증설」 원문 5

方始御下云若移其制於車則車可翔矣杜陽編唐穆宗朝飛龍士韓志和本倭國人於御能舞蠅虎子作五隊舞梁州曲者也有人傳北原與魯山藏飛車之書者云尤乃齊東之說也歟有人以爲嘗見原州人所藏一書則飛車制以草乘四人而作鵠形鼓腹生風則浮上空中能行百丈然過半角風則不得前進而墜過狂風則不可行制詳尺度云全州府人金時讓言湖西魯城有尹達圭者明齋之支裔善造巧器又有飛車制度記載以置然秘不示人云未知其詳也如有此制則搏扶搖而上鼓埃壒而游周流大合若庭衢焉唯意所適到處無礙則豈不快且爽哉苟欲倣象其制先作一車如飛鵞而傳羽翼焉設機其內人乘其中轉機若泅人之游泳似尺蠖之屈伸俾生風氣則雙翮自能翱翔

「비거 변증설」 원문 6

奄作一瞬千里之勢列寇旬五之返大鵬三千之擊
何以過此其機專在於絙索縱橫聯絡伸縮互纏絙
行機中鼓槖生風則兩翅扇動劃然浮泛於勁風大
氣之上其勢有不可過此是以氣爲機以鳥爲師則
思過半矣理在其中然自歸臆說存而勿論可矣夫
海國圖志有飛車圖以俟后攷

鹿璃斑龍辨證說

埤雅鹿乃仙獸自能樂性六十年必懷璃于角下斑
痕紫色行則有涎不復急走故曰鹿戴玉而角斑魚
懷珠而鱗紫李時珍本草綱目鹿玉如狗宝鮓荅之

「비거 변증설」 원문 7

2부

최초의 비행기를 재현하다

1장

비거 동체의 구상

항공기의 동체◆는 다른 부분과 비교할 때, 비행에서 가장 핵심적인 부분은 아니다. 현대의 항공사를 전체적으로 살펴볼 때, 동체는 그리 큰 변화를 겪지 않았다. 제2차 세계 대전 당시에 완성되었던 기본 구조가 재질만 바뀌었을 뿐, 현재까지도 유지되고 있다.

◆ 胴體. 항공기의 날개와 꼬리를 제외한 중심 부분. 승무원, 여객, 화물 등을 실으며 발동기나 각종 탱크가 장치되어 있다.

형인 윌버 라이트(Wilbur Wright)와 동생 오빌 라이트(Orville Wright)가 함께 제작한 플라이어호(Flyer)가 처음으로 동력 비행에 성공한 때는 1903년 12월 17일이다. 플라이어호나 그 전에 무동력 비행을 성공시킨 독일의 오토 릴리엔탈(Otto Lilienthal)의 글라이더처럼, 초창기의 항공 선구자들이 제작한 비행체에는 동체라는 개념이 따로 존재하지 않았다. 동체는 사람이 탑승

오빌 라이트

윌버 라이트

하는 별도의 공간으로서, 날개와 엔진을 고정시키는 일종의 틀이라고 말할 수 있다. 초창기의 항공기 발명가들에게는 하늘을 마음껏 비행하는 것이 가장 중요했고, 이 목적을 이루려면 먼저 하늘을 날 수 있는 날개가 필요했다.

그러므로 비행기 조종을 위한 꼬리 날개, 엔진을 고정하기 위한 틀, 조종사의 탑승 공간 등은 상대적으로 경시되었다. 라이트 형제의 플라이어호를 예로 들면 조종사는 주 날개 위에 엎드린 형태로 탑승하고, 프로펠러는 날개 사이의 구조물에 고정되었으며 공중에서 비행기를 움직이는 조종 면은 주 날개를 기준으로 앞뒤로 뻗은 단순한 구조물에 덧대어 고정했을 뿐이다. 초기 비행기는 가장 중요한 날개를 중심으로 부수적인 부분들을 여기저기 첨가한 형태였다고 말할 수 있다.

라이트 형제의 동력 비행기는 무엇에도 구애받지 않고 마음껏 하늘을 날고 싶었던 인류의 오랜 꿈을 실현시켜 주었다. 하지만 처음에 이 비행기는 미국에서 가치를 제대로 인정받지 못했다. 첫 동력 비행의 성공 이후, 플라이어호는 곧바로 미국 육군에 군용기 납품을 시도했지만 실패했다. 비행하며 먼 거리까지 정찰할 수 있다는 장점을 내세웠지만, 군 관계자의 인식 부족으로 거래가 성사되지 않았다. 그러자 라이트 형제는 생각을 바꿔서 당시 비행체에 대한 관심과 인기가 높았던 프랑스로 건너간다. 대중 앞에서 직접 시험 비행을 하며 비행기 판매를 위해 노력한 결과, 유럽에서 큰 성공을 거두게 된다. 그와 함께 라이트 형제가 처음 발명한 프로펠러의 작동 원리와 조종 면을 활용한 비행 중의 조종 방법 같은 핵심적인 사항도 널리 알려졌다. 그

후로 1910년까지 라이트 형제는 동력 비행기가 자유롭게 하늘을 날기 위해 필요한 여러 조건들을 찾아냈다. 그 내용이 유럽의 발명가들에게 알려지면서, 갖가지 형태의 동력 비행기들이 하루가 멀다 하고 선을 보였다. 현재 우리가 보는 비행기의 기본적인 형태가 정착된 것도 이 무렵이다. 길쭉한 동체의 전면에 주 날개가, 후면에 조종을 위한 꼬리 날개가 위치하는 전형적인 비행기의 모습이 등장했다. 이로써 동체 없이 미국에서 떠난 라이트 형제의 비행기가 유럽으로 와서 동체가 갖춰진 비행기로 재탄생했다.

1910년대에 비행기 동체를 제작할 때는, 나무 막대기로 일정한 틀을 짰다. 긴 막대기 사이에 X자 형태로 보강을 해서 전체적으로 큰 힘에 버틸 수 있게 하고, 그 위에 천을 씌워 바람의 압력을 줄였다. 주 날개와 조종 면이 동체에 연결되었고 조종사는 그 안에 착석했다. 무게가 가장 많이 나가던 엔진은 동체 맨앞 부분에 위치했고 안전한 이착륙을 위해 바퀴도 장착되었다. 그러나 나무만을 이용한 기본 구조가 너무 약하고 조립 방식 또한 단순해서, 그것만으로는 비행 중에 작용하는 여러 힘들을 견딜 수 없다는 사실을 보여 주었다. 그런 까닭에 강선으로 동체를 보강한 초기 비행기들은 여러 강선들이 얽혀 상당히 복잡한 형태를 할 수밖에 없었다. 이러한 구조의 대표적인 비행기가 프랑스의 항공 선구자인 아르망 드페듀상(Armand Deperdussin)이 만든 기체들이다. 이 같은 제작 방식은 1914년까지 지속되었다. 제1차 세계 대전에서 적진의 사진을 찍는 정찰 수단으로써 비행기의 유용성이 입증되자, 정찰기를 격추하기 위해 기관총으로 무

플라이어호

드페듀상 모노코크 모형

포커 아인덱커

장한 최초의 전투기가 개발되었다. 유럽의 하늘에서는 이런 전투기들이 100대씩 무리지어 펼치는 대규모 공중전이 전개되기에 이르렀다.

제1차 세계 대전을 거치며 비행기의 성능은 더욱 향상되었고, 동체의 구조 또한 한 단계 발전했다. 단순히 긴 막대에 X자 형태의 보강재가 더해졌던 구조에서 벗어나, 좀 더 많은 뼈대에 일정한 간격으로 세로대를 배치하고 내부 공간에는 강선을 더해 X자 형태로 보강했다. 외부에는 여전히 천을 씌워 마무리했지만, 특수한 안료를 입혀 강도를 높였다. 동체의 전체 구조가 발전하며 좀 더 유선형에 가까운 형태가 되었다. 이 시기의 대표적인 비행기로는 독일 포커(Fokker) 사의 포커 아인덱커(Fokker Eindecker)가 있다.

이러한 구조는 제1차 세계 대전이 끝난 뒤에도 한동안 유지되다가 1920년대에 변화한다. 당시 유럽에서는 비행기 속도를 경주하는 대회가 유행했는데, 그중 유명했던 슈나이더 컵 대회를 계기로 비행기의 동체 구조가 결정적으로 바뀌었다. 우선 기본 구조를 이루는 자재는 나무에서 금속으로, 세로대는 가는 막대가 아닌 보다 넓고 일정한 판 모양으로 바뀌었다. 이런 판을 벌크헤드(bulkhead)라고 부른다. 비행기 동체의 단면 형태를 따라 제작한 10개 정도의 벌크헤드에 금속제의 세로대(stringer)를 붙여 기본 틀을 만들고, 그 위에 다시 금속판을 리벳으로 고정해 동체를 완성했다. 이 동체는 기존의 것과는 차이가 컸는데, 바로 외피의 역할이 크게 달라졌기 때문이다.

그 전까지 비행기의 외피는 비행 중에 작용하는 외부의 힘

세미 모노코크 구조로 제작된 폴란드의 전투기 PZL P. 11c

에 저항하는 용도가 아니라, 비바람만 막아 주는 비구조 재료에 불과했다. 하지만 본격적으로 금속 외피를 사용하면서 비행 중의 동체에 작용하는 여러 힘을 견디는 수단이 되었다. 이 구조를 세미 모노코크(semi-monocoque)라고 한다.

정리하면, 간단한 틀에 천만 씌운 야영 텐트와 비슷한 구조에서 철근을 뼈대로 삼아 시멘트로 감싼 벽이 모여 이뤄진 집과 같은 구조로 나아간 것이다. 텐트는 기본 뼈대의 취약함 때문에 크기를 확장하는 데 한계가 있지만 철근과 시멘트를 이용해 벽을 쌓아 올리는 방식은 크고 높은 건물의 건축이 가능하다. 비행기 동체에서도 세미 모노코크 구조를 사용하면서 크기를 더욱 자유롭게 확장하는 것이 가능해졌다.

세미 모노코크 구조의 발명으로 소형의 전투기부터 대형 수송기까지 다양한 크기의 비행기를 만들게 되었고, 이 구조는 제2차 세계 대전을 거쳐서 현재까지 비행기 동체의 기본 틀로 자

A300의 수직 꼬리 날개

리 잡았다. 앞으로 발전한다면, 여기서 한 단계 더 나아간 모노코크 구조가 될 것이다. 금속이 아닌 유리 섬유나 탄소 섬유로 된 복합 소재로 외피를 만들어 연결시킴으로써, 다른 구조의 도움 없이 오직 외피만으로도 비행 중의 압력을 견디는 구조이다.

이 구조의 비행기 동체는 수직 꼬리 날개까지 포함된 좌우로 나뉜 동체 틀에 유리 섬유를 두세 겹 깔고 그 위에 에폭시(epoxy)를 발라 경화시킨 다음, 틀에서 떼어내 둘로 나뉜 부분을 하나로 붙여서 만든다. 이 구조는 결정적으로 벌크헤드나 스트링거(stringer)가 없다. 틀을 이용해 한 번에 큰 덩어리로 성형하기 때문에 곡선 표현에 탁월하고 표면 또한 매끄럽게 마무리되므로 공기 저항을 줄이는 데 아주 유리하다. 하지만 동체를 거의 일체형으로 성형하기 때문에 부분적인 파손을 수리하기가 매우 어렵고, 성형 작업도 모두 수작업이어서 시간과 비용이 많이 든다. 이 방식으로 비행기를 제작하는 과정은 플라스틱 장난감 비행기를 조립하는 것과 같다. 큰 조각들을 본드를 이용해 순서대로 붙여서 완성하는 것이다. 현재 소형 비행기를 만드는 방법 중 하나로 이용되고 있다.

모노코크 구조의 가장 쉬운 예는 바로 장독대의 항아리다. 항아리의 벽은 모양을 유지하는 동시에 모든 힘을 버티고 있다. 그래서 빈 내부 공간을 이용할 수 있다. 이러한 구조의 비행기 동체는 내부에 아무런 뼈대가 없이 비어 있고 오직 외피만으로 형태를 유지한다. 무게 측면에서 상당히 유리하다. 그러므로 동체의 발달은 외피가 받는 힘의 수준이 점점 높아지는 과정이었다고 말할 수 있다.

초창기의 비행기들은 동체의 개념이 없었기에 외피에 대한 개념 또한 마찬가지였다. 단순히 바람을 막는 수준의 외피가 등장하면서 동체의 개념이 생겼고, 외피가 비행 중에 작용하는 압력을 흡수, 분산시키는 역할까지 하게 되면서 이 구조가 현재까지 지속되고 있다. 앞으로는 동체의 외피가 비행 중에 작용하는 모든 압력을 흡수하는 구조로 발전할 것이다.

2장

비거의 동체를 찾아서

그렇다면 현대의 비행기보다 300년을 앞서서 정평구가 발명한 비거의 동체는 어떤 형상이었을까? 먼저 정평구의 비거에 사람이 탑승할 수 있는 동체가 존재했다는 사실은 분명하다. 그동안 구전되었거나, 기록에 남은 비거의 활약상에서 쉽게 유추해 낼 수 있다. 비거에 대해 공통적으로 거론되는 부분은, 바로 일본군에 포위된 성 안에서 정평구가 평소 친분이 있던 이를 비거에 태워 탈출시킨 것이다. 여기서 비거에 정평구 외의 사람이 탈 여유 공간이 존재했으며, 따라서 사람이 탑승하지 않았을 때는 보급 물자나 전투를 위한 화약 무기 혹은 공중에서 지상의 적군에게 투척할 돌덩이를 싣는 공간으로도 활용되었으리라 추측된다.

이 일화는 비거의 크기를 가늠할 때 중요하다. 정평구 외의

경회루

사람이나 물자를 비거에 추가로 실을 수 있었다는 것은 비거가 단순히 조종자 한 사람만 비행하는 행글라이더 형태가 아니라 그보다 큰 규모의 비행체였음을 의미하기 때문이다. 따라서 비거의 동체는 최소 2명 이상이 타는 기본 공간에 보급품 등 전투 물자를 실을 공간까지 추가될 수 있다. 그리고 비거를 공중에 머물게 하는 날개의 지지대와 새의 머리를 모방한 전방 구조물, 새의 꼬리 날개와 유사한 기능의 조종 면이 결합하게 된다. 이러한 형태를 위해서는 비거 동체가 견고하게 구성되어서, 여러 방향의 압력을 견뎌내야 한다. 먼저 정평구가 활동했던 16세기 조선에서 이 조건을 충족하는 건조물을 찾기 시작했다.

조선 시대에 나무로 일정한 틀을 짜서 제작하는 큰 규모의 구조물은 그리 많지 않았다. 가장 대표적인 예가 한옥의 지붕이다. 실용성은 물론 다른 나라의 건축물과 차별되는 아름다움까지 갖추었다. 그러나 2차원 구조여서 뒤틀림에 상당히 취약하다. 비거의 동체는 3차원인 하늘을 나는 까닭에 입체적으로 여러 방향에서 압력을 받을 뿐만 아니라, 특히 뒤틀림에 대한 저항성이 중요한 조건이다. 지붕을 올리는 건축 방식에서는 뒤틀림에 강한 구조를 찾을 수 없었다.

나무로 제작된 건조물 중 지붕 다음으로 많은 것이 바로 배였다. 한반도는 3면이 바다에 둘러싸인 지리적 조건 덕분에 조선 시대 이전부터 조선술이 크게 발달했다. 근대 이전까지 전함을 건조하는 기술은 특히 뛰어나다고 정평이 나 있었다. 그런 까닭에 조선의 선박 건조 기술과 구조를 심층적으로 조사하면 비거에 적용 가능한 기본 구조의 단서를 찾을 수 있으리라 가정했다.

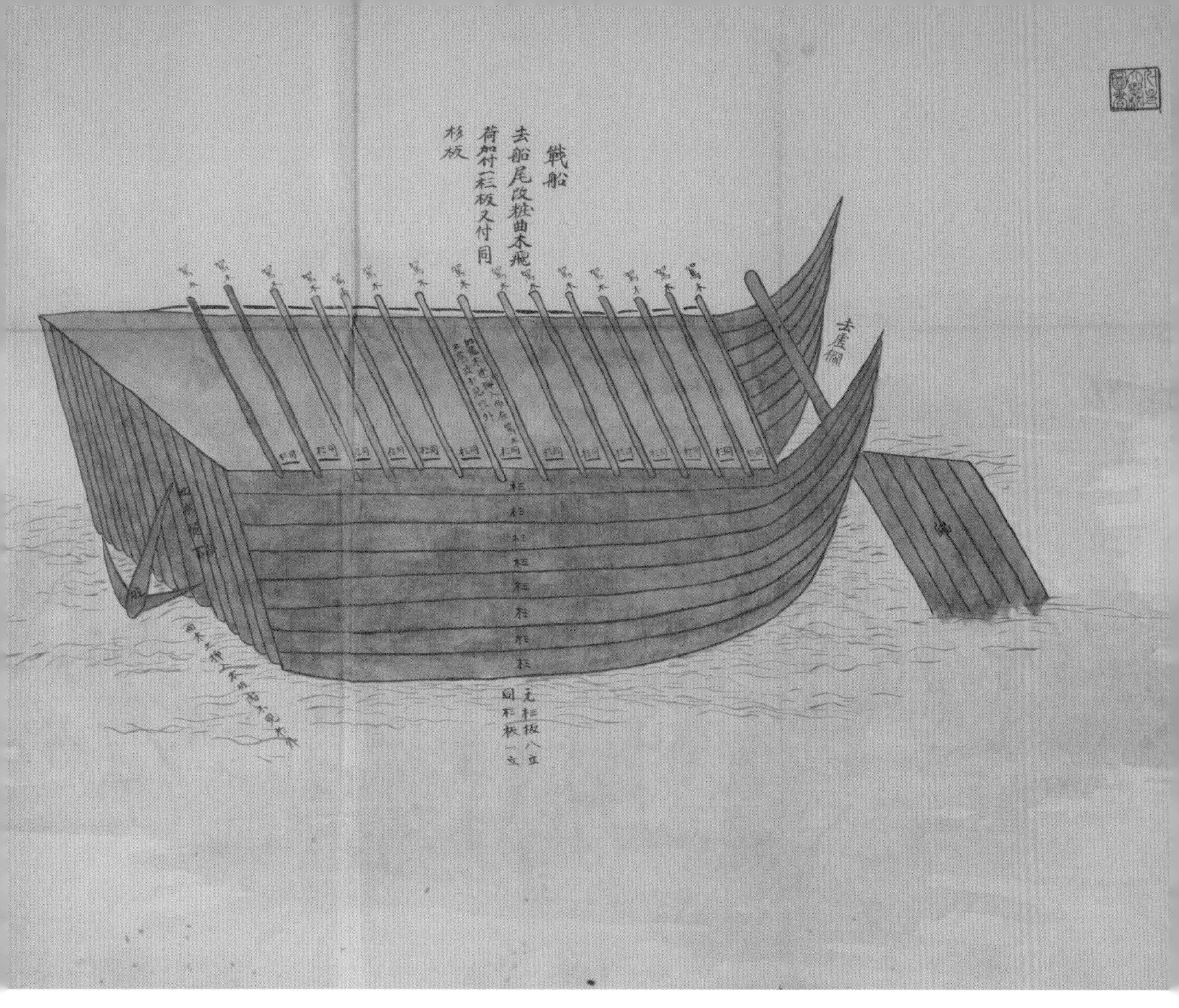

조선의 누선

처음 조선 시대의 선박 구조를 알아보려고 했을 때는 현재도 한국의 조선 기술이 세계적으로 명성이 높은 까닭에, 그리 어렵지 않을 것이라고 기대했었다. 하지만 생각과는 달리 조선의 선박에 관한 구체적인 자료를 찾기는 쉽지 않았다. 선박 구조를 상세히 알 수 있는 설계 도면이나 다른 시각 자료들이 턱없이 부족했다. 그러던 중 한국의 전통 선박인 한선(韓船)을 연구하시는 이원식 선생이 집필한 『한국의 배』(1990년, 대원사)를 접하게 되었다. 이 책에서 한선의 자세한 구조와 제작 방식을 알게 되었으며 동시에 안타까운 사실도 확인했다. 한반도의 전통적인 한선 조선술은 일제 강점기를 거치며 민족 문화 말살 정책의 영향으로 일본의 조선술에 잠식당하고 말았다. 조선 시대의 한선에 대한 구체적인 기록이 빈약해진 데는 이러한 역사적 배경이 큰 영향을 미쳤다. 그나마 남은 한선에 관한 자료는 일본 선박을 기준으로 일본인들이 정리한 조선 시대 한선의 특징을 그대로 번역한 것이었다. 그런 탓에 우리의 관점에서 한선의 특징과 의의를 온전히 파악할 수 없었다는 점도, 지금까지 한선에 대한 자료가 부족한 이유였다고 생각된다. 전통 한선이라는 용어를 역사적으로 전승된 한반도 고유의 방식으로 건조해서 이용한 여러 종류의 배라고 정의한다면, 먼저 우리는 조선 시대 한선의 특징을 파악해야 한다.

전통적인 한선이 보여 주는 가장 두드러진 특징은 기본적으로 선박의 바닥인 선저(船底)가 평평한 평저선(平底船)이었다는 점이다. 서양의 선박은 물론, 중국이나 일본의 배와도 다른 한선만의 구조적 특성이다. 평저선은 무엇보다 배의 운동성이 뛰어나다. 바닥이 평평해서 물과의 접촉면이 넓고, 경사진 방향이 아닌 수직 방향으로 부력을 받으므로 물에 잠기는 선체의 면적도 좁다. 특정한 방향으로 이동하는 직진 안정성에는 불리하게 작용하지만, 선회 반경이 짧아지고 제자리에서의 방향 전환이 편리하며, 특히 바람이 부는 방향에 상관없이 배를 운항할 수 있는 고유한 동력을 얻는다. 어떤 사람들은 평저선은 배의 앞부분을 뾰족하게 제작할 수 없어서 물을 가르며 전진하는 데 불리하

16세기말 일본의 전함들

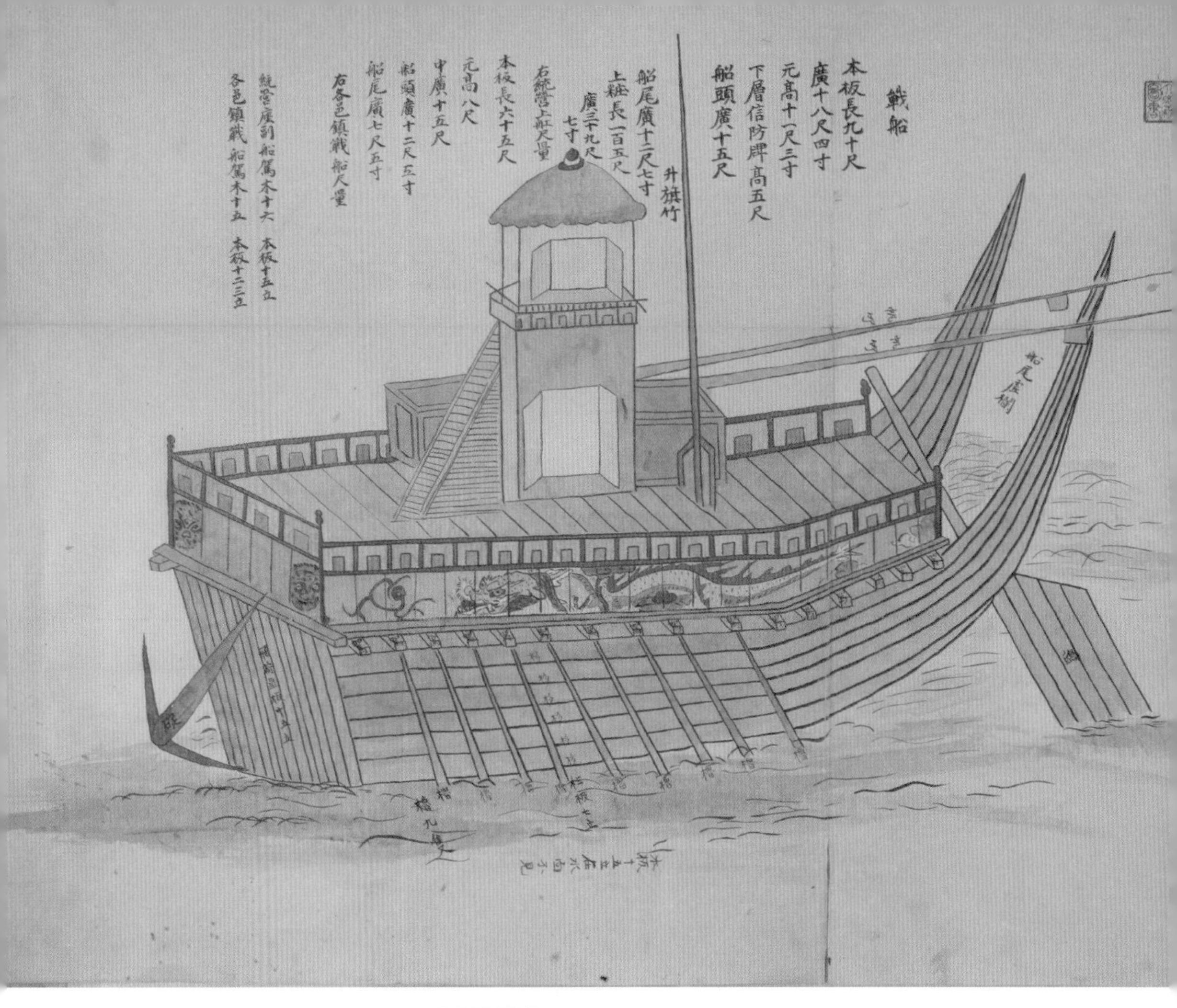

조선의 판옥선

며, 속도가 떨어지고 구조 자체도 단순한 원시적인 선박이라고 평하기도 한다. 하지만 이것은 단견이다. 전통적인 한선과는 돛의 형태나 노를 젓는 방법이 다른, 서양의 선박을 기준으로 삼은 주장이기 때문이다. 따라서 전통 한선의 평저선 구조와 돛의 형태, 노를 젓는 방식이 조화를 이루었을 때의 성능을 일방적으로 폄하해서는 안 된다.

한선의 고유한 우수성을 잘 보여 주는 예가 바로 거북선이다. 우리 모두는 거북선에 대해서 잘 안다고 생각하지만, 사료와 다소 다른 부분도 있다. 최초의 철갑선(鐵甲船)이라는 사실이 거북선의 큰 의의라고 흔히 생각한다. 하지만 거북선의 선체를 철갑으로 둘렀다고 정확히 명시한 기록은 없다. 사서에는 선체의 지붕에 철제 못을 꽂았다고만 기록되어 있다. 따라서 거북선의 가장 중요한 의의는 최초의 돌격선(突擊船)이라는 점에서 찾아야 한다. 얼핏 볼 때는 그리 중요하지 않아 보이지만, 좀 더 생각해 보면 돌격 기능은 전통 한선의 특성 덕분에 가능했으며 거북선의 높은 기술력을 증명한다는 사실을 알 수 있다.

거북선을 건조한 목적은 간단했다. 최대한 빨리 적진에 기습적으로 돌진해 대열을 흩고 전투 초반의 승기를 잡은 후에 안전하게 빠져 나오는 것이었다. 이러한 임무는 직접적인 타격의 의미도 지녔지만 전투 초반에 적군의 사기를 꺾는 심리적인 역할이 더욱 컸다. 여느 전함으로써는 불가능한 역할이었다. 임진왜란 당시에 조선 수군의 주력 전함은 판옥선(板屋船)이었다. 판옥선은 평저선을 기본 틀로 삼아 선체 위에 판을 붙이고, 그 위에서 총통과 활을 쏘며 원거리 공격을 하는 전선이었다. 이 구조는 당시 일본의 전선들과 크게 달랐다. 그들의 해상 전투 방식은 근접전, 백병전이었다. 가능한 빨리 상대의 배에 접근해 무사들이 올라타 전투를 벌였다. 그러나 화포 기술이 크게 발달한 조선 수군은 근접전을 벌일 필요가 없었기 때문에, 원거리에서 배와 배가 싸우기 위한 개방형 전함으로 판옥선을 건조했다.

그러므로 판옥선을 돌격선으로 사용하는 것은 적절하지 않았다. 사방이 개방된 구조여서 적함에 돌진한 후에는 백병전◆

◆白兵戰. 칼이나 창, 총검과 같은 무기를 갖고 적과 직접 몸으로 맞붙어서 싸우는 전투를 뜻한다.

에 쉽게 노출된다는 문제가 있었다. 이러한 단점을 극복하기 위해 판옥선 위에 지붕을 덮고 적이 올라타지 못하도록 철로 만든 못을 박았다. 못의 공격 효과를 높이기 위해 때로는 배의 지붕 위에 거적을 덮어 못을 감춰서 미처 생각하지 못한 적이 배 위로 달려들어 부상을 입게 만들기도 했다. 적진에 돌격했을 때 최대한 큰 피해를 주기 위해 배의 양 측면은 물론 전면에도 화포를 설치했다. 이것이 거북선의 구조와 목적이다.

전통 한선의 특징을 기반으로 삼았기에 거북선은 돌격선으로 성공할 수 있었다. 우선 전함의 전면부가 넓어서 더욱 견고해졌고, 적함과 정면충돌해 단번에 침몰시키는 당파 전술에 효과적이었다. 또한 평저선 특유의 구조적인 안정성은 배 전면부뿐만 아니라 함선 전체의 강도를 높이면서, 충돌에 따른 아군의 피해를 줄여 주었다. 또한 조선의 전선들은 물의 마찰을 이용해 그 반발력으로 이동하는 서양의 노보다 더 복잡하고 효율적인 노를 사용해서 많은 인원이 탑승한 대형 선박임에도 적은 힘을 들여 빠른 속도로 오랫동안 이동할 수 있었다. 이렇게 함선의 운동성을 높여 주는 요인들 덕분에, 거북선을 비롯한 조선의 함선들은 좁은 공간에서 이동 성능이 탁월했고, 적진 한가운데에 돌진해서도 자유롭게 휘저으며 전열을 흩어 버릴 수 있었다.

만약 거북선이 전통적인 한선의 구조가 아닌 일본, 중국 혹은 서양의 조선술로 건조되었다면 돌격선으로 성공할 수 없었을 것이다. 일단 함선 전면부의 강도가 약하기 때문에 충돌을 기본으로 하는 당파 전술을 쓰려면 추가적인 보강 작업이 필요하고, 그러면 결국 다른 부분에서 구조적인 취약성이 노출된다.

거북선

성능이 좋은 노를 사용하더라도 배의 밑바닥이 뾰족해 전진하는 쪽에 운동 에너지가 집중되므로, 급회전을 할 때는 선회 반경이 넓어져서 이동 방향이 금방 노출되어 급습할 때 효과가 저하된다. 따라서 전투가 길어질수록 점점 적선에 포위될 가능성이 높다. 게다가 적진에 고립된 아군 함선은 원거리에서 적군을 향해 포격할 때 상당한 장애물이 된다.

거북선의 공학적, 전술적 우수성은 전통적인 한선의 조선술이 있었기에 가능했다. 단적인 예로 임진왜란 당시에 여러 차례에 걸쳐 거북선에 타격을 입은 일본 수군은 왜란이 끝난 후에 거북선의 외형을 그대로 본뜬 돌격선을 건조했다. 하지만 이 배는 이동, 공격 모두에서 효율성이 크게 떨어져 활용할 수 없는 수준이었다고 한다. 이것은 일본 전통의 방식과 구조로 배를 건조했기 때문이다.

지금까지 한선에 대해 서술한 내용을 정리하면 이렇다. 전통적인 한선은 평저선의 기본 형태와 견고한 배의 밑바닥에 효율성이 높은 노를 장착해 좁은 공간에서의 운동성을 극대화했으며, 돛을 이용한 항해에서도 이동이 원활하도록 구조적으로 최적화시킨 선박이었다.

전통 한선의 구조는 새로운 비거의 동체를 구상하는 데 큰 영향을 주었다. 우선 정평구가 활동하던 시대에 보편적으로 적용된 운송 수단의 구조였으므로 모방이 쉬웠으며, 이 구조가 비거에 적용 가능할 만큼 안정적이라고 판단했다. 또한 정평구가 새를 보며 비거를 구상했다면 가능한 새의 외적 특성을 재현했을 것이다. 선박의 구조를 차용해 비거의 동체를 만든다면 바퀴

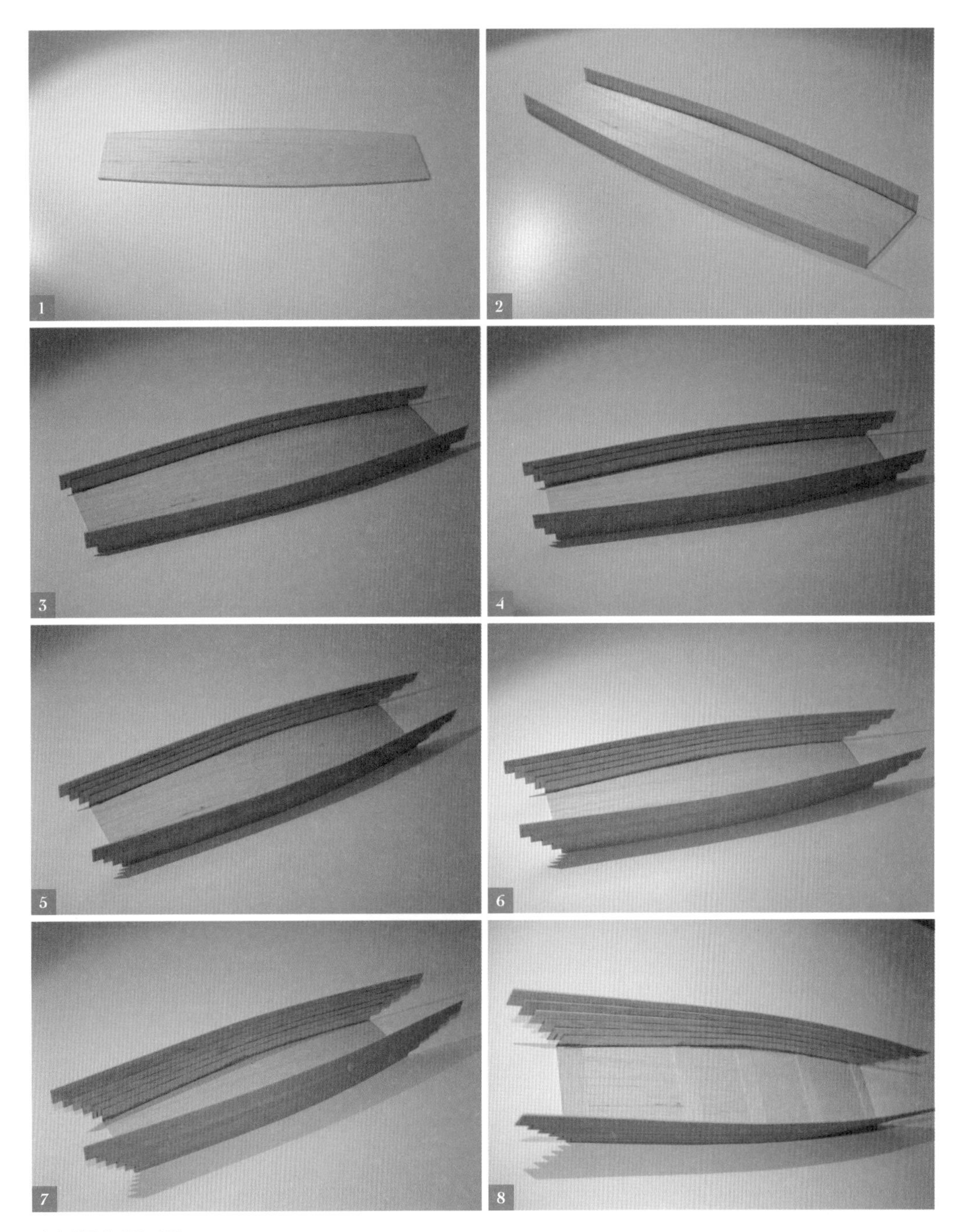

비거의 동체 제작 과정 1~8

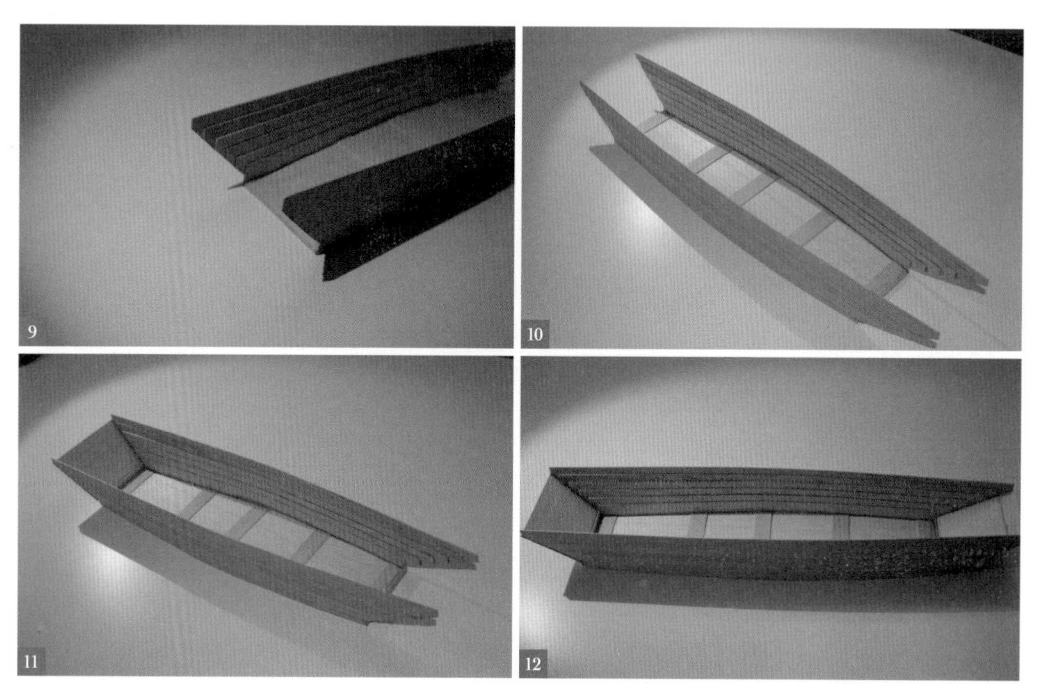

비거의 동체 제작 과정 9~12

를 이용한 착륙은 물론 물 위의 강하도 자연스러울 수 있다. 곧 한선의 구조를 적용한 비거는 더욱 새에 가까운 비행과 착륙이 가능해지는 것이다.

전통적인 한선을 모방한 비거의 동체를 가정하면서 더 놀라운 사실을 하나 발견했다. 형체는 다소 달랐지만, 현대 비행기의 동체를 구성하는 세미 모노코크 구조의 기본 개념이 한선에 그대로 적용되어 있었다. 한선은 평평하고 두꺼운 선저에 목재 못인 피새로 여러 개의 삼나무 판자를 밥공기 모양으로 이어 붙인 뒤, 판 사이를 가로지르는 장쇠를 꽂아서 형태를 유지시키는 구조다. 여기서 삼나무 판을 가로지르는 장쇠의 역할이 가장 중

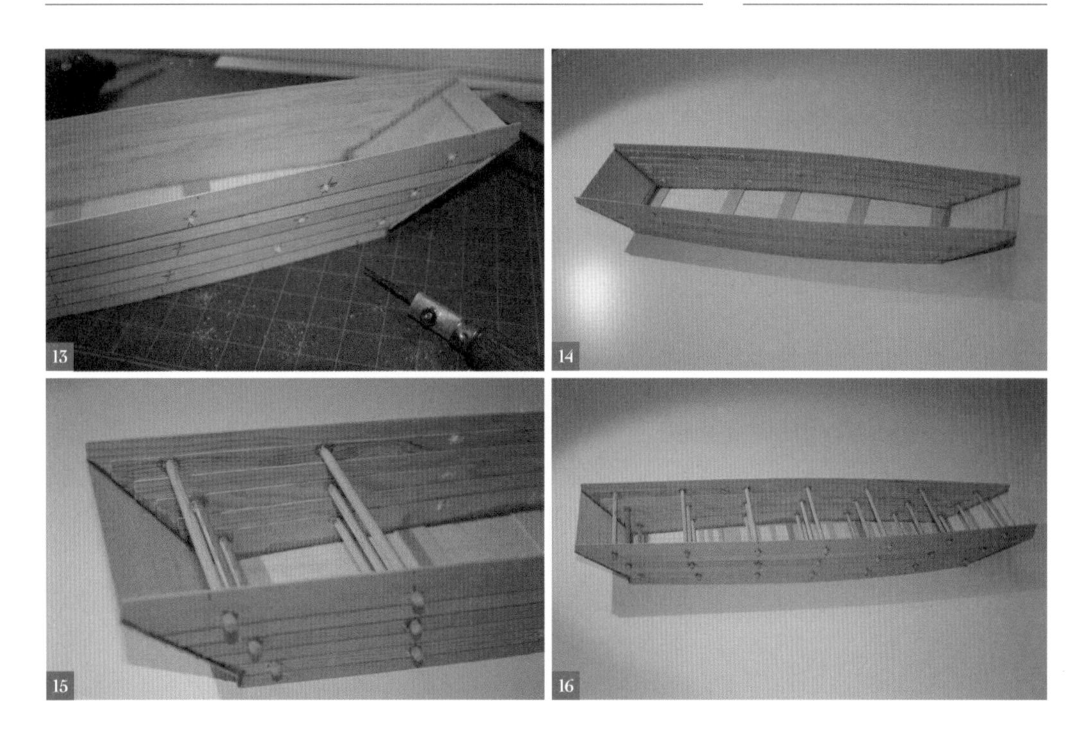

비거의 동체 제작 과정 13~16

요하다. 배의 기본 형태를 유지시키는 동시에 삼나무 판이 받는 힘을 분산시켜서 선박에 작용하는 여러 종류의 압력을 견디게 한다. 앞에서 설명한 현대 비행기의 벌크헤드와 같은 역할이다. 즉 형태는 다르지만 원리를 따져 보면 한선의 구조는 전형적인 세미 모노코크이다. 각 삼나무 판에 하나씩 연결된 장쇠의 구조는 현대 비행기의 동체에 적용되는 세미 모노코크 구조보다 공간 활용의 측면에서는 다소 불리하지만, 뒤틀림 방지라는 부분에서는 오늘날의 방식보다도 훨씬 강력하다.

이 가설을 확인하기 위해 전통 한선에서 따 온 구조를 바탕으로 비거의 동체를 50센티미터 크기로 축소 제작해 보았다. 바닥은 얇은 합판으로 만들었으며 측면 벽체는 얇은 소나무 판을 사용했다. 우선 선박 모양이 되도록 전후 면과 양 측면의 벽체를 접착제로 붙였다. 하지만 이 구조는 쉽게 부서졌다. 전통 한선에서만 볼 수 있는 장쇠를 축소해 양 측면을 관통하는 둥근 목재를 일정한 간격으로 배치하자 동체의 구조적 안정성이 높아졌다. 단순히 양 측면에 장쇠를 더했을 뿐인데도, 구조가 견고해졌고, 특히 뒤틀림의 발생이 크게 줄었다. 거대하거나 정교한 부속이 아닌, 가벼운 막대만으로도 선박 형태의 동체를 구조적으로 안정화시킨 것이다.

비거 모형의 동체는 날개는 물론 다른 부분들까지 안정적으로 지탱해 냈다. 비행 실험을 하는 중에 바람이 갑작스럽게 변하면서 하늘에서 추락하기도 했지만, 장쇠 2~3개만 파손됐을 뿐, 동체의 전체 형태는 유지되었다. 같은 재료를 써서 일반적인 제작 방식으로 만들었다면 완파될 정도의 충격이었다. 이렇게 차이가 난 원인은 특정한 부분에 충격이 집중되지 않고, 장쇠를 거쳐 동체 전체로 분산되었기 때문이다. 이 모형은 장쇠를 이용한 세미 모노코크의 비거 동체가 기대 이상으로 내구성이 뛰어나다는 사실을 충분히 입증해 냈다.

3장

현대 비행기의 날개는 어떻게 펼쳐졌는가

전통 한선에서 비거 동체의 원형을 찾아낸 뒤, 다음 단계는 바로 비거의 핵심인 날개를 구상하는 것이었다. 비행기의 성격은 날개의 모양과 면적에 따라 달라진다. 조선 시대에 우리의 하늘을 날았던 비거가 실제로 존재했다는 사실을 증명할 때, 날개 형태는 매우 중요하다. 그런 까닭에 처음 비거를 알게 되고, 재현하는 현재에 이르기까지 가장 많이, 깊이 고민했던 부분 역시 비거의 날개였다.

날개를 구상하기 전에 먼저 현대의 비행기에 적용되는 날개를 간단히 살펴보려 한다. 비행기를 하늘에 띄우려면 비행기에 작용하는 중력(重力)에 저항해야 한다. 지구 중심부로 향하는 중력을 이기려면 그와 반대 방향으로 중력과 동일하거나 그보다 더 큰 힘을 발생시켜야 한다. 비행기에서는 이 힘을 양력(揚力)이라고 부른다. 양력에 대한 이론은 라이트 형제가 동력 비행에 성공하기 전부터 다양하게 전개되었으며, 현재도 보다 효율적으로 양력을 발생시키기 위한 연구들이 진행 중이다. 양력의 발생 원리에 대한 가장 대표적인 이론을 잠깐 살펴보자.

비행기의 날개에서 양력이 발생하는 원리는 날개 윗면과 아랫면의 공기 압력차를 이용하는 것이다. 공기의 압력은 크게 구분하면 정지한 상태의 정압(靜壓)과 움직이는 상태의 동압(動壓)이 있다. 정압과 동압이 결합해 공기의 압력을 항상 일정하게 유지한다. 자연의 모든 에너지가 평형을 이루려는 것과 같은 이치이다.

양력의 원리를 이론으로 처음 정리한 사람이 바로 다니엘 베르누이(Daniel Bernoulli)다. 그의 방정식은 날개의 양력 발생 원리를 설명할 때 반드시 등장하는 가장 기본적인 수식이다. 이 식은 공기의 압력을 정압과 동압이라는 상반된 압력으로 나눈 다음, 이 압력들이 주어진 상황에 따라 다르게 나타나지만 어떤 조건에서도 두 힘의 합은 항상 같다는 것을 증명한다. 즉 공기 전체의 압력을 1이라고 가정하면, 어떤 상황에서 정압이 0.3일 때, 동압은 0.7이고, 반대로 정압이 0.7일 때는 동압이 0.3이다. 그렇다면 대표적인 날개의 형태인 에어포일◆에 이 이론을 적용해 보자.

◆ airfoil. 양력을 증대시키고 항력을 축소시키도록 만든 유선형의 날개 형태이다.

먼저 날개의 위아래로 흐르는 공기에 대한 기본적인 가정이 필요하다. 날개 전면에서 분리된 공기 입자들이 주변을 따라 흐르다가, 같은 시간에 끝에서 만난다는 가정이다. 실제 하늘에서는 날개를 따라 흐르던 공기 입자들이 정확히 같은 시간에 날개 뒤에서 만나지 못하고, 흐르는 과정에서 분리되어 흩어진다. 하지만 양력의 발생 원리를 설명할 때는 완전한 공기의 흐름을 가정한, 보다 정형화된 모델로 설명한다.

보통 날개의 형태는 아랫면은 평평하며 윗면은 약간 볼록하다. 이제 날개 앞에 공기 입자 2개가 있다고 생각해 보자. 앞에서 가정한 것처럼 입자들은 각각 날개 위아래를 흐르다가, 처음처럼 날개 후면에서 만나야 한다. 그러나 날개 아랫면을 흐르는 공기 입자는 진로가 직선이지만, 날개 윗면을 흐르는 공기 입자는 곡선이므로 같은 속도로 이동한다면 날개 끝에서 정확히 만날 수 없다. 결국 날개 윗면을 흐르는 공기 입자는 반대 쪽의 입자보다 좀 더 빨리 움직인다. 공기 입자의 속도가 빨라지면 움직이는 공기의 압력인 동압이 증가한다. 베르누이 방정식에 따라 동압이 증가하면 정압은 감소한다.

이것을 수치화하면 날개 윗면을 흐르는 공기의 정압이 0.4이고 동압은 0.6이 된다. 날개 아랫면을 흐르는 공기는 입자의 속도 변화가 없으므로 정압과 동압이 각각 0.5라고 볼 수 있다. 이 경우에 날개 윗면의 정압과 아랫면의 정압 사이에 0.1의 차이가 발생한다. 정지한 상태의 압력인 정압은 항상 같은 크기를 지키려는 성질이 있다. 이와 유사한 사례는, 뜨거운 물과 차가운 물을 섞었을 때 시간이 지나면 두 물이 섞여서 경계가 없어지고 결국 미지근한 상태가 되는 것이다. 즉 에너지는 끊임없이 높은 곳에서 낮은 곳으로 이동한다. 자연의 기본 법칙은 평형을 맞추는 것이기 때문이다. 그러므로 정압이 높은 날개 아랫면에서 낮은 날개 윗면으로 힘이 발생한다. 이것이 바로 양력이다.

여기서 의문이 하나 생긴다. 동압도 날개 윗면과 아랫면 사이에 차이가 생기는데, 이것은 평형을 이루려 하지 않느냐는 것이다. 물론 동압도 예외는 아니다. 하지만 약간의 차이도 있는데, 동압은 움직이는 공기의 압력이므로 날개에 작용하는 대신 날개를 벗어나 후면에서 소용돌이를 일으켜서 압력을 일정하게 유지시킨다.

날개가 양력을 일으키는 원리를 간단히 정리해 보자. 윗면을 둥글게 해 공기 입자의 이동 속도를 빠르게 해서 아랫면과의 압력 차이를 만들고, 이 차이가 다시 날개 위쪽으로 작용하는 양력을 발생시킨다. 양력은 공기 입자의 이동 속도와 직결되므로 날개를 빠르게 움직일수록, 수직 방향으로 힘을 받는 날개의 면적이 넓어질수록 커진다.

이것이 양력 발생에 대한 현재의 기본 원리지만, 여기에는 한계가 있다. 공기 입자가 흐르는 현상을 간단한 가정으로 단순화시켰기 때문에 여러 예외가 존재한다. 단적인 예로 우리가 달리는 차 안에서 창밖으로 손바닥을 내밀어 약간 기울인다고 생각해 보자. 이때 손바닥을 위로 들어 올리려는 힘을 느끼는데, 양력이 발생되어 나타나는 현상이다. 손바닥을 기울일수록 힘이 커지는데, 위에서 서술한 양력의 원리로는 이것을 설명할 수 없다. 여기서 큰 영향을 미치는 요인이 받음각◆이다. 양력 발생에서 받음각의 중요성이 여기서 드러난다.

◆ angle of attack, AOA. 양력이 0이 되는 날개가 놓인 방향과, 비행기가 날아가는 방향 사이의 각도를 말한다.

라이트 형제는 처음으로 동력 비행기를 발명했을 때, 날개의 양력 발생 원리를 확실히 이해하고 있었으며, 받음각을 변화시켜서 양력의 크기를 조절한다는 발상을 비행기에 적용했다.

플라이어호의 주 날개는 베르누이의 정리를 따라 위가 볼록한 얇은 날개에 약간의 받음각이 있는 형태로 제작되었다. 거기에 평평한 판을 수평 방향으로 전면에 부착해서 이 판의 받음각을 변화시켜, 상하 조종이 가능하게 했다. 후면에는 수직 방향으로 판을 부착해서 좌우 미끄러짐을 조종했다. 또한 그들이 개발한 프로펠러도 단순하게 판이 회전하는 대신, 일종의 받음각이 있는 작은 날개를 고속으로 회전시켜 추진력을 얻는 방식이다. 이것은 양력 발생과 같은 원리이며, 단지 방향을 수평 방향으로 바꿨을 뿐이다. 발상을 전환시켜서 이뤄 낸 훌륭한 발명이었다.

라이트 형제의 비행 이후 비행기의 날개는 형태부터 발전하기 시작했다. 위가 불룩한 날개는 가장 불룩한 부분이 어디 있느냐에 따라 양력의 발생 효율이 달라진다. 라이트 형제가 자체적으로 개발한 풍동◆ 실험을 이용해 유럽의 항공 선구자들이 다양한 시도를 거듭하면서 날개 제작의 원칙이 성립했다. 날개 윗부분에서 단면이 3대 7로 나뉘는 지점에 가장 큰 굴곡을 만들면 양력 발생의 효율이 높다는 것이다. 3대 7 비율은 날개가 양력을 발생시키는 데 가장 중요한 조건이다. 이 비율은 하늘 위의 새에서도 찾을 수 있다. 우선 날개를 완전히 폈을 때 뼈가 지나는 부분이 이 3대 7 지점이며, 새의 깃털 역시 가장 단단한 부위가 깃털을 3대 7의 비율로 분할한다. 자연은 오래전에 이 비율을 적용하고 있었다.

제1차 세계 대전이 끝날 때까지 비행기의 날개는 플라이어

◆ 風洞. 인공으로 바람을 일으켜 기류가 물체에 미치는 작용이나 영향을 실험하는 장치이다.

◆ **複葉機**, 동체의 상하로 2개의 앞날개가 있는 비행기다.

호와 같이 매우 얇은 판의 형태였다. 두께 탓에 강도가 약했으며, 지지하기 위해 강선이 여러 개 보강되었다. 또한 더 많은 양력을 얻기 위해 위아래로 2개의 날개를 장착한 복엽기◆가 다수를 차지하게 되었다. 예외 중 하나가 제1차 세계 대전 당시에 독일군의 전설적인 에이스였던 '붉은 남작' 만프레트 알브레히트 폰 리히트호펜(Manfred Albrecht Freiherr von Richthofen)의 전투기였는데, 이것은 날개가 3개나 달린 3엽기(三葉機)였다. 날개가 많을수록 면적과 발생하는 양력도 증가하므로 공중에서의 기동성이 향상되는 효과가 있었다. 하지만 이와 함께 생기는 단점도 분명했는데, 비행기의 속도 자체는 상대적으로 감소한다는 것이었다.

제1차 세계 대전이 끝나고서 새로운 사실을 알게 되었다. 전투기들의 공중전에서 충분한 양력을 이용해 기동성을 확보하는 것보다, 가능한 신속히 적기에 접근해 공격하고 전장을 이탈할 수 있도록 속도를 향상시키는 것이 더욱 효율적이라는 사실을 확인한 것이다. 그 결과 새로운 기종을 개발할 때 비행기의 속도를 높이는 방향으로 전반적인 발전이 진행되었다. 보다 가벼우면서도 강한 출력의 엔진이 개발되었고, 날개 또한 복엽기에서 주 날개가 하나만 있는 단엽기(單葉機)로 개량된다. 이 과정에서 고정 관념을 뛰어넘는 실험 결과가 발표되기도 했는데, 날개 두께에 관한 것이었다.

기존의 날개는 얇은 판으로 만들어졌으며 이것은 바꿀 수 없는 기본 원리였다. 이전까지는 날개가 두꺼워지면 공기의 흐름이 부자연스러워지고 날개의 전면에 닿는 공기 저항도 강해

맷서슈미트 Me262 B1-A

져서 전체적인 비행 효율이 저하되리라는 생각이 지배적이었다. 그러나 종전보다 두꺼운 날개로 풍동 실험을 했더니 예상을 벗어난 결과가 나왔다. 날개 전면의 공기 흐름은 훨씬 자연스러웠으며, 저항도 크게 줄어든 것이다.

날개가 두꺼워지면 여러 장점이 있었다. 우선 날개 내부에 두꺼운 지지대를 추가할 수 있어서 강도가 크게 올라갔고, 이전까지 날개를 지지하는 용도로 사용했던 강선도 제거했다. 또한 비행기 외부에 고정시켜야만 했던 착륙 바퀴를 날개 속의 남는 공간에 접어 넣을 수 있었다. 또한 날개 속에 연료통을 장착해서 비행 거리도 크게 증가했다. 거추장스러웠던 강선이 제거되고, 이착륙 이외에는 사용하지 않는 바퀴를 날개 안으로 접어 넣으면서 비행기 주위의 공기 흐름이 더욱 부드러워졌고, 공기 저항이 감소하자 비행기가 더욱 효율적으로 빠른 속력을 낼 수 있게 되었다.

제2차 세계 대전은 비행기가 다방면에서 비약적으로 발전하는 계기가 되었다. 비행기의 속도는 프로펠러 비행기의 한계 속도인 시속 800킬로미터에 이르렀고, 비행 거리 또한 대륙 간 비행이 가능할 정도로 크게 늘어났다. 금속이 주재료가 된 비행기의 날개 구조도 세미 모노코크가 보편화되었으며, 비행 속도가 향상되면서 날개에는 여러 보조 날개들이 추가로 장착되었다. 그중 날개 전면의 슬롯(slot)과 후면의 플랩(flap)이 대표적이다. 이것들은 고양력 장치로 불리는데, 원리는 간단하다. 슬롯은 날개 전면 중 일부가 앞으로 연장된 것이고, 플랩은 날개 후면이 아래로 꺾여 내려가는 것이다. 이 보조 날개들은 날개 주변의 공기 흐름과 연관되는데, 슬롯은 날개 면적을 증가시키고 플랩은 받음각의 크기를 부분적으로 다르게 해서 양력을 극대화시킨다.

플랩

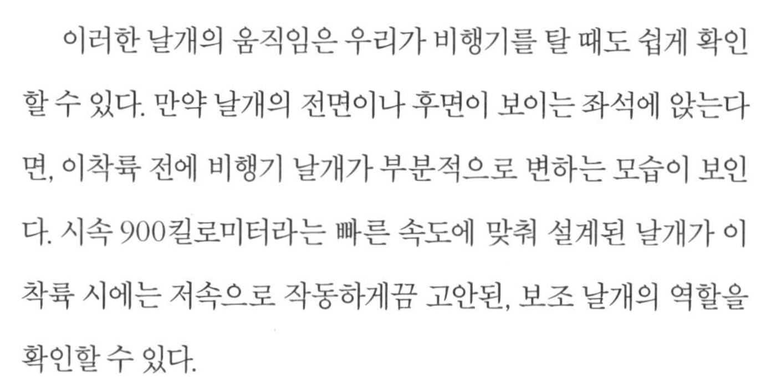

이러한 날개의 움직임은 우리가 비행기를 탈 때도 쉽게 확인할 수 있다. 만약 날개의 전면이나 후면이 보이는 좌석에 앉는다면, 이착륙 전에 비행기 날개가 부분적으로 변하는 모습이 보인다. 시속 900킬로미터라는 빠른 속도에 맞춰 설계된 날개가 이착륙 시에는 저속으로 작동하게끔 고안된, 보조 날개의 역할을 확인할 수 있다.

슬롯

제2차 세계 대전이 끝난 후 미국과 소련을 중심으로 비행기의 속도 경쟁이 가속화된다. 전쟁이 끝날 무렵 독일과 영국에서 동시에 개발된 새로운 엔진이 경쟁의 출발점이었다. 바로 제트 엔진이다. 프로펠러를 이용한 엔진과는 비교할 수 없을 정도로 높은 출력이 가능했고, 이와 함께 비행기의 날개도 새롭게 발전

B-52G 스트라토 포트리스

한다.

하지만 두꺼운 날개가 기본형이었던 당시의 비행기는 제트 엔진을 장착해서 비행 속도를 더욱 높이는 데 한계가 있었다. 속도가 느릴 때는 날개 두께에 따른 공기 저항이 크지 않았지만, 음속에 가까울 정도로 속도를 높이면 저항이 급격히 커지는 현상이 발생했기 때문이다. 이 문제를 해결하려면 초기 비행기처럼 다시 날개를 최대한 얇게 제작해야 했다. 금속 공학과 재료 수준이 많이 발전한 까닭에 강선을 덧대지 않고도 얇은 날개를 제작하기가 용이했다. 문제는 두꺼운 날개에서 활용했던 날개 내부의 여유로운 공간을 포기하기도 어려웠다는 점이다. 그러므로 기존의 날개 두께를 유지하면서 음속에 가까운 속도에서도 저항을 최소화할 수 있는 날개를 연구했고, 제2차 세계 대전이 끝나기 전 독일이 먼저 개발에 성공했다.

날개 구조에 대한 획기적인 발상의 전환이 이루어져서 이러한 발전이 가능했다. 후면으로 기울이는 후퇴 날개의 형태로 날개를 제작한 것이다. 직선 형태였던 기존의 날개를 뒤로 젖혀 얇은 날개의 효과를 내는 단순한 발상이었다. 마치 당근을 일자로 썰면 단면이 둥글지만, 비스듬히 썰면 길쭉한 타원형의 단면인 것과 같았다. 즉 날개의 위아래 사이 두께는 변함이 없지만, 접촉하는 공기를 기준으로 하면 길이가 늘어나기 때문에 전체적으로는 넓고 얇은 형태가 된다.

제2차 세계 대전이 끝나고 독일에서 후퇴 날개의 신기술을 획득한 미국과 소련이 이것을 적용한 최초의 제트 전투기를 거의 동시에 개발했다. 새로운 전투기들이 최초로 격돌한 공중전이 바로 한국 전쟁에서 벌어졌다. 1950년대부터 더 빠르고 더 높이 나는 비행기를 개발하려는 미국과 소련의 경쟁이 가속화되었고, 그 과정에서 다양한 날개 형태들을 연구했다. 이 성과들은 오늘날 비행기의 목적에 적합하게끔 날개의 형태를 적절히 변형시키는 밑바탕이 되었다.

4장

한선의 돛, 조선의 하늘을 날다

정평구가 만든 비거의 날개를 상상할 때, 제일 먼저 주목한 대상은 새의 날개였다. 그와 비슷한 시기에 활동한 이탈리아의 레오나르도 다빈치(Leonardo da Vinci) 역시 하늘을 나는 비행 장치를 구상해 스케치를 남긴 것으로 유명하다. 새의 날개가 너무 복잡한 까닭에, 다빈치는 좀 더 단순한 구조인 박쥐의 날개를 적용해 비행체의 날개를 구상했다.

정평구 역시 처음에 비거의 날개를 구상할 때, 자연에서 흔히 볼 수 있는 새의 날개를 모방했을 것이다. 새의 날개를 해부하고 주요한 뼈의 형태와 연결 구조를 분석해, 다른 재료들로 재현한다. 나도 비거를 재현하기에 앞서, 새의 날개를 본뜬 비거의 날개를 제작하는 데 큰 노력을 기울였다. 이렇게 새를 본딴 비거의 날개 뼈대를 여러 개 제작해 보았는데, 새의 근육을 대신할 재료가 없었던 까닭에 뼈대들만 이어진 전체 구조는 허약할 수밖에 없었다. 또한 새의 날개는 접고 펴는 운동은 물론, 복잡하게 결합한 근육을 이용해 다양한 날갯짓이 가능하게끔 아주 오랜 시간에 걸쳐 진화해 왔다. 따라서 이와 같은 다양한 동작이 가능하려면 무엇보다도 모든 방향으로 자유롭게 움직일 수 있는 관절이 필요하다는 사실을 이해했다. 비거의 날개는 새처럼 유연한 구조가 아니라는 가정하에 고정된 관절 구조로 간소화하고, 새의 날개에 붙은 근육도 뼈대의 일부로 간주해서 모형으로 최대한 재현했지만, 기본 구조 자체가 너무 허약하다는 사실을 재확인했다.

2미터 크기로 제작한 비거 모형의 날개는 심하게 구부러졌다. 날개의 뿌리부터 끝까지 관통하는 단일한 구조가 없어서 나타난 현상이었다. 새의 날개는 땅에서 접히기 때문에 아무리 긴 뼈라 해도 날개 길이의 반도 안 된다. 날개의 양 끝을 잇는 하나의 뼈가 없는 이상, 구부러질 수밖에 없다. 게다가 새의 깃털처럼 날개 전체를 감싸는 재료를 결정할 수가 없었다. 한지로 덮은 날개 모형은 입체성이 부족한 단순한 판에 불과했고, 비행 성능 역시 기대에 크게 못 미쳤다. 만약 이런 구조를 비거에 적용한다면 강도가 약해서 큰 문제가 될 수밖에 없었다. 비거에 비해 상대적으로 작은 새의 비행에는 적합했지만, 그 이상의 크기에서는 쉽게 부서졌다. 정평구도 수많은 모형을 제작하면서 이러한 사실을 깨달았을 것이다.

그저 새를 모방해서 비거의 날개를 제작하는 것이 매우 비

행글라이더

효율적이라는 사실을 확인한 후에, 여러 갈래로 대안을 모색했다. 우선 연이 떠올랐다. 연은 받음각을 이용해 공중에 뜰 양력을 얻는 방식이다. 2000년에 KBS에서 방송되었던 「역사스페셜」의 「조선 시대 우리는 하늘을 날았다」 편에서도 비거의 실재 가능성을 확인하기 위한 모형을 제작할 때 날개에 연의 형태를 적용했었다. 우선 제작이 용이하고 조선 시대에 쉽게 입수 가능했던 재료들로 이루어졌다는 점에서 주목할 가치가 있었다. 하지만 연을 어떤 모양으로 비거의 날개에 적용할지는 쉽지 않은 문제였다.

지금은 행글라이더와 같은 비행체 덕분에 날개 형태와 기본 구조, 무게 중심의 변화를 이용한 조종 등이 비거에 유사하게 적용되었으리라고 예상할 수 있다. 하지만 정작 정평구가 활동했던 조선 시대에 단지 연을 가지고 현재의 행글라이더에 가까운 구조나 비행 원리까지 유추하기는 사실상 불가능했을 것이다.

만약 이 희박한 가능성을 뚫고 행글라이더에 가까운 날개를 고안했더라도, 비거처럼 큰 비행체에 적용하기란 구조적으로 무리한 기대였다. 「역사스페셜」에서도 이러한 한계를 확인했기 때문에, 대신 비거의 형태를 단순화시켰다. 1인승 구조인데다가 진주성 성벽에서 타고 날면 겨우 진주의 남강을 건널 정도의 활공이 가능한, 단순한 글라이더 구조로 제작했던 것이다.

따라서 이때의 비행체는 조선 시대에 존재했던 재료로 하늘을 나는 도구를 만들 수 있었는지 실험하기 위한 모형이라고 볼 수 있다. 정평구의 비거가 이 모형과 동일한 형태였다고 단정하는 것은 큰 오해다. 단순히 조선 시대의 비행 가능성을 확인하기 위해 제작했던 모형이, 복원된 실제 비거로 평가되며 정평구가 개발했던 원형이라고 알려지는 것이 참으로 안타깝다.

정평구가 발명한 비거는 일본군에 포위된 진주성 안으로 날아 들어가서, 성안의 사람을 태우고 다시 성 밖으로 안전하게 탈출했다는 것이 기록들 사이에서 일치된 내용이다. 10만 명에 이르는 일본군이 진주성을 포위하고 전 방향에 진지를 구축한 상황에서 성 안팎을 오갈 수 있으려면 단순히 강 하나를 건너는 수준이 아니라 훨씬 멀리 비행할 수 있어야 한다. 단순히 남강만 건너는 것이 목적이었다면 배를 두고 굳이 비거를 구상할 이유가 없었다. 따라서 정평구는 사람을 태우고 장거리 비행이 가능한 상당히 큰 비행체를 만들었다고 유추할 수 있다. 이 비행체의 날개를 연의 형태나 구조에서 차용한다면 구조적으로 취약해진다고 판단했다. 결국 새나 연을 본뜬 날개를 실제 비거에 적용하는 것은 무리라는 결론을 내렸다.

조선 시대의 조운선

먼 거리를 날 수 있는 비행체인 비거에 사용된 날개에 대한 가정이 더 이상의 대안을 찾지 못할 무렵에, 우연히 그림 한 점을 보고서 발상이 크게 바뀌었다. 비거의 동체를 구상하기 위해 살펴보던 전통 한선에 대한 책에서, 그 배의 돛을 보았기 때문이다. 이전까지 영화나 만화에서 서양 선박의 돛은 자주 봤기 때문에, 형태나 바람을 받을 때의 변화도 잘 알고 있었다. 전통 한선의 돛 역시 서양의 그것과 유사한 형태와 원리일 것이라고 짐작만 했었다. 그러나 조선 시대까지 전통적으로 사용해 왔던 배의 돛 모양을 본 순간, 큰 오해에 빠져 있었음을 깨달았다.

스파 구조

전통 돛을 보았을 때, 돛대의 위치가 가장 먼저 눈에 들어왔다. 서양의 돛대는 돛폭의 정 가운데를 가로지르는 데 반해, 한선의 돛은 한쪽으로 치우쳤다. 그런데 그 치우친 정도를 얼핏 보기만 해도, 돛폭을 1대 2로 나누는 위치에 돛대가 있었고, 현대의 비행기나 새의 날개에 적용된 3대 7의 비율과 유사했다. 서양 선박의 돛과 또 다른 차이점은 돛폭을 매단 가로대의 개수였다. 10개 이상이 설치되어서 서양에 비해 수가 많았다. 돛의 구조는 전체적으로 현대 비행기의 날개 구조와 상당히 비슷했다.

현대의 비행기 날개 구조는 일정하다. 상하 방향으로의 강도를 결정하는 뼈대인 스파(spar)가 날개 단면의 3대 7 지점에 들어가고, 스파 전후로 날개의 틀을 유지하는 여러 개의 리브(rib)가 고정된다. 대형 항공기에서는 이런 기본 구조에 스트링거를 여러 개 덧붙이고, 날개를 감싸는 외판을 접합시켜 힘을 분산시키는 세미 모노코크 구조로 만든다. 즉 비행기의 크기와 무관하게 현대의 모든 항공기 날개는 스파와 리브를 기본 구조로 삼아 제작된다. 날개에 작용하는 여러 압력에 안정적으로 버틸 수 있는 방법이기 때문이다.

전통 한선의 돛에도 이 방식이 그대로 적용되었다. 현대 비행기 날개의 스파는 한선의 돛 구조 중 돛대에 해당하고 날개의 틀을 만드는 리브는 돛폭을 거는 가로대인 활대의 역할을 한다고 볼 수 있다. 구체적인 재료와 모양은 다를지라도, 전체적인 사용 원리와 목적이 일치한다. 즉 수직으로 선 전통 한선의 돛대를 수평으로 눕히면 현재의 날개와 같은 역할이 가능했다.

하지만 곧 의문이 생겼다. 돛을 수직으로 눕히기만 하면 거대한 비거를 공중에 들어 올릴 만큼의 양력을 얻을 수 있을까? 정평구가 배의 돛을 보면서, 이 형태의 날개를 비거에 적용하겠다는 발상을 했을지도 궁금했다. 전통 한선의 돛을 좀 더 구체적으로 연구하는 계기가 되었다.

그렇게 전통 돛에 대한 여러 자료를 찾던 중에 아주 결정적인 사실을 하나 발견했다. 한선의 돛을 이용한 항해 기술 중에 서양의 돛으로는 불가능한 독창적인 방법이 있었다. 바람이 배가 진행하려는 방향을 거슬러서 불어올 때, 돛을 이용한 항해법이었다. 이런 상황에서 서양의 배는 돛을 내리고 풍향이 바뀔 때까지 기다릴 수밖에 없다. 하지만 한선은 돛을 내리는 대신, 이 바람까지도 최대한 이용해서 항해할 수 있었다. 자주 원거리 항해를 한 선원들의 경험에서 발달한 기술인데, 우선 돛 방향을 풍향의 수평으로 조작하고 돛폭이 매달린 활대를 기능한 한 둥글게 구부렸다. 당시의 사람들은 이런 방법으로 배가 이동하는 원리는 몰랐지만, 경험적으로 방법을 체득했기 때문에 이 항해법을 널리 활용했다고 한다. 오늘날에는 이론적으로도 간단히 설명할 수 있다. 다름 아닌 양력의 발생 원리이기 때문이다.

평상시에는 직선에 가까웠던 활대가 휘어지면서 일정한 곡선을 만든다. 돛대가 지나는 위치를 중심으로 활대가 휘어지므로 자연스럽게 3대 7 지점이 가장 두꺼운, 날개 꼴의 곡선이 형성된다. 그리고 활대에 매달린 돛폭 역시 날개 꼴로 바뀐다. 공기 입자들이 활대와 돛폭이 만든 공간을 지나며 비행기의 날개처럼 압력 차가 발생하고, 여기서 양력이 일어난다. 이 힘 덕분에 맞바람이 불어도 배는 전진할 수 있었던 것이다.

전통 돛으로 양력을 얻는 방법을 알고서, 우선 간단한 모델을 만들어 실험했다. 처음에는 전통 돛을 눕히는 단순한 변화만으로는 양력 발생의 효율이 떨어질 것으로 예상되어 현대 비행기의 날개와 최대한 유사한 형태로 변형해서 제작했다. 날개 길이 1.5미터 정도의 무동력 일반 글라이더 형태로 제작했다. 재료는 주변에서 쉽게 구할 수 있는 일반 목공용 재료와 연을 만들 때 쓰는 약간 두꺼운 한지를 선택했다.

돛 형태의 날개에서 핵심적인 부분인 활대는 한지의 부착이 용이하도록 원형이 아닌 직사각형의 판재를 사용했으며, 최대한 곡선에 가깝게 만들기 위해 활대 후면에 같은 재질의 나무를 덧대었다. 총 12개의 활대를 만들어서 한쪽 날개에 6개씩 배치했다.

돛대 역할을 할 나무를 가장 불룩한 부분인 3대 7 지점에 붙이고, 활대의 전후로 보강을 위해 얇은 나무를 덧대었다. 그리고 한지로 전체 구조를 감쌌는데, 여기서 한선의 돛 모양에 약간 변형을 가했다. 우선 바람이 통하는 부분이 없도록 한지로 전체를 감쌌다. 현대의 비행기 날개와 최대한 가깝게 만들기 위해 고안한 것이었다. 날개 전체에 한지를 붙인 뒤 물을 뿌려 자연 건조했다. 완성된 글라이더의 날개는 외형이 예상 이상으로 현대의 비행기 날개와 비슷했다. 부채꼴 형태의 꼬리 날개를 부착하고 전면에는 무게 추를 달아서, 전통 한선의 돛을 차용한 날개로 첫 모형 글라이더를 완성했다.

돛의 형태를 빌린 날개를 단 첫 비행체여서 기대가 적지 않았지만, 결과는 상당히 실망스러웠다. 받음각이 3도 이상일 때는 무난하게 비행했지만, 받음각이 0도에 가까워질수록 급격히 기수를 숙이며 땅으로 곤두박질쳤다. 또한 날개 주위의 공기 흐름도 불규칙해서 비행 거리가 들쑥날쑥했다. 날개 전면에서 공기가 불안정하게 분리되며 나타난 현상이었다. 즉 날개 전면의 형태가 너무 뾰족했기 때문이다. 구상할 때는 현대 비행기의 날개 형태에 근접할수록 비행의 효율이 향상될 것이라고 막연히 짐작해서 날개의 전면과 후면을 한지로 완전히 덮어 버렸는데 오히려 효율이 저하되었다. 전통 한선의 돛을 눕힌 형태였다면 날개의 하부도 공기가 자유롭게 흐르는 빈 공간이었을 텐데, 이 모형에서는 평평하게 다듬으려는 의도로 한지를 덮었다. 이런 착오 때문에 날개 하부 역시 공기가 원활하게 흐르지 못했다.

그때까지 예상했던 비거의 구조에 현대 항공 이론을 적용해서 여러 변형을 가했던 첫 모형 글라이더는 아쉬운 실패로 마무리되었다. 그렇지만 모형을 제작했던 덕분에 얻은 바도 적지 않았다. 그중에서도 가장 깊이 남은 깨달음은 과거에 만들어졌다는 이유만으로, 현재의 이론을 내세워 비과학적, 비효율적이라고 단정하는 우를 범해서는 안 된다는 것이었다. 우선 과거에 존재했던 과학과 그 성과의 본질을 이해하려는 노력이 무엇보다 중요하다.

과거의 과학에 대한 유연한 접근의 필요성을 이해한 후에, 전통 한선의 돛 형태를 본뜬 모형 날개를 수차례 제작해서 비행 실험을 했다. 이 과정에서 돛의 형태를 모방한 날개를 비거에 충분히 적용할 수 있다는 사실을 확인했다. 돛을 본뜬 날개의 가장 큰 장점은 무엇보다도 구조적인 유리함이었다. 현대 비행기의 날개 구조와 원리가 같아서 크기에 상관없이 저항에 강한 날개가 가능했으며, 강도에 비해 기본 재료의 무게는 가벼웠다. 실제 한선의 돛에 사용되었던 두껍고 무거운 돛대 대신, 좀 더 얇고 가벼운 재질의 나무를 사용하더라도 비거를 띄울 만큼 구조적으로 충분한 강도를 발휘한다는 것을 의미한다. 이 날개의 또 다른 장점은 효율성이다. 바다에 뜬 배의 돛이 바람을 하나로 모으듯 돛 모양의 날개 역시 면적에 비해 많은 양의 바람을 모아서 공기와의 접촉면이 극대화된다. 그러므로 날개 주변의 공기 흐름이 좋아지고, 압력 차이와 받음각이 동시에 양력을 발생시키므로 효율이 상당히 높다.

비거의 날개는 단순히 바람을 날개에 흐르게 해 양력을 얻는 오늘날의 비행기 날개가 아닌, 바람을 모았다가 흐르게 하는 패러글라이더나 행글라이더의 날개에 더 가깝다. 날개 형태는 비거의 비행 방식에도 큰 영향을 미친다. 충분한 양력을 얻기 위

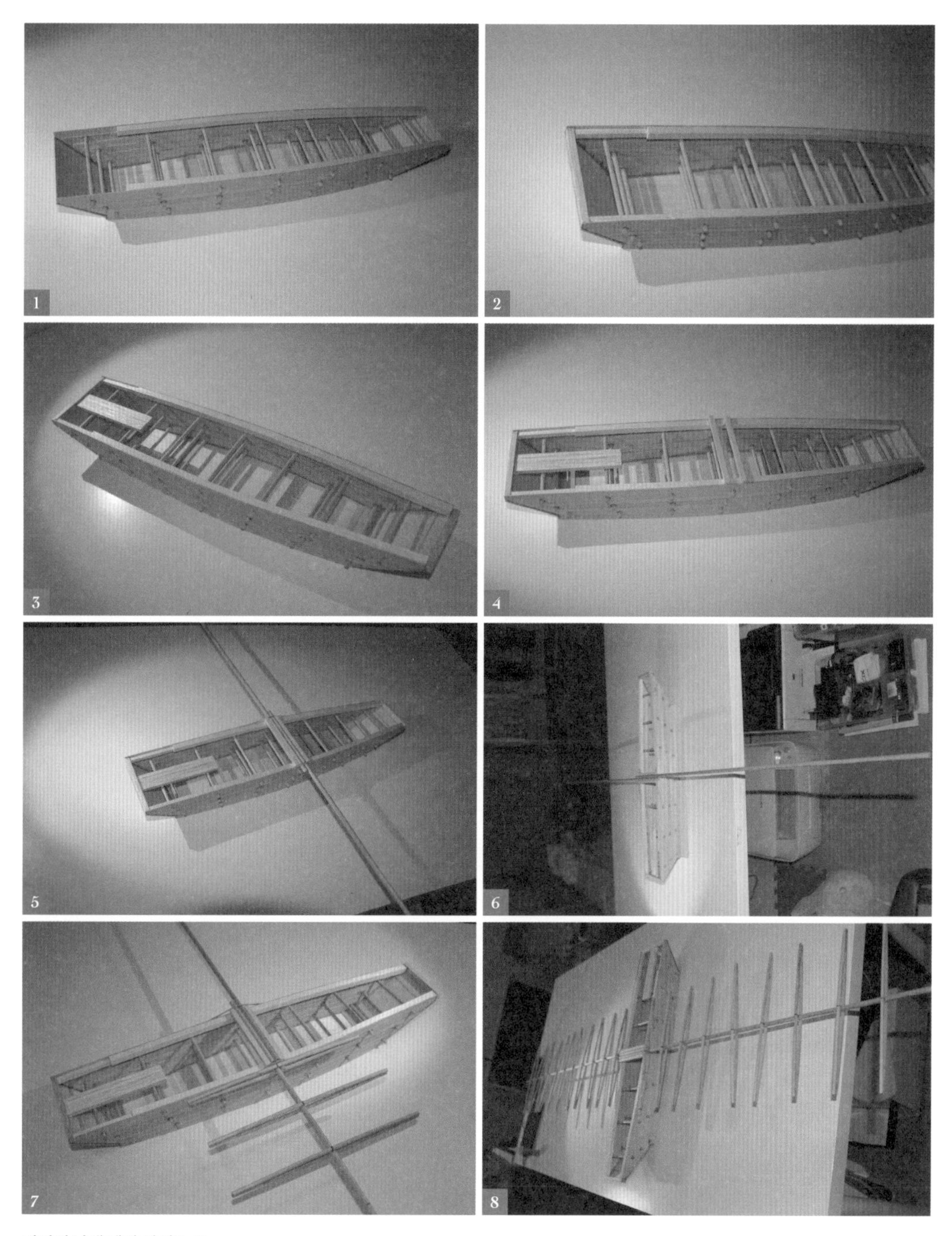

비거의 날개 제작 과정 1~8

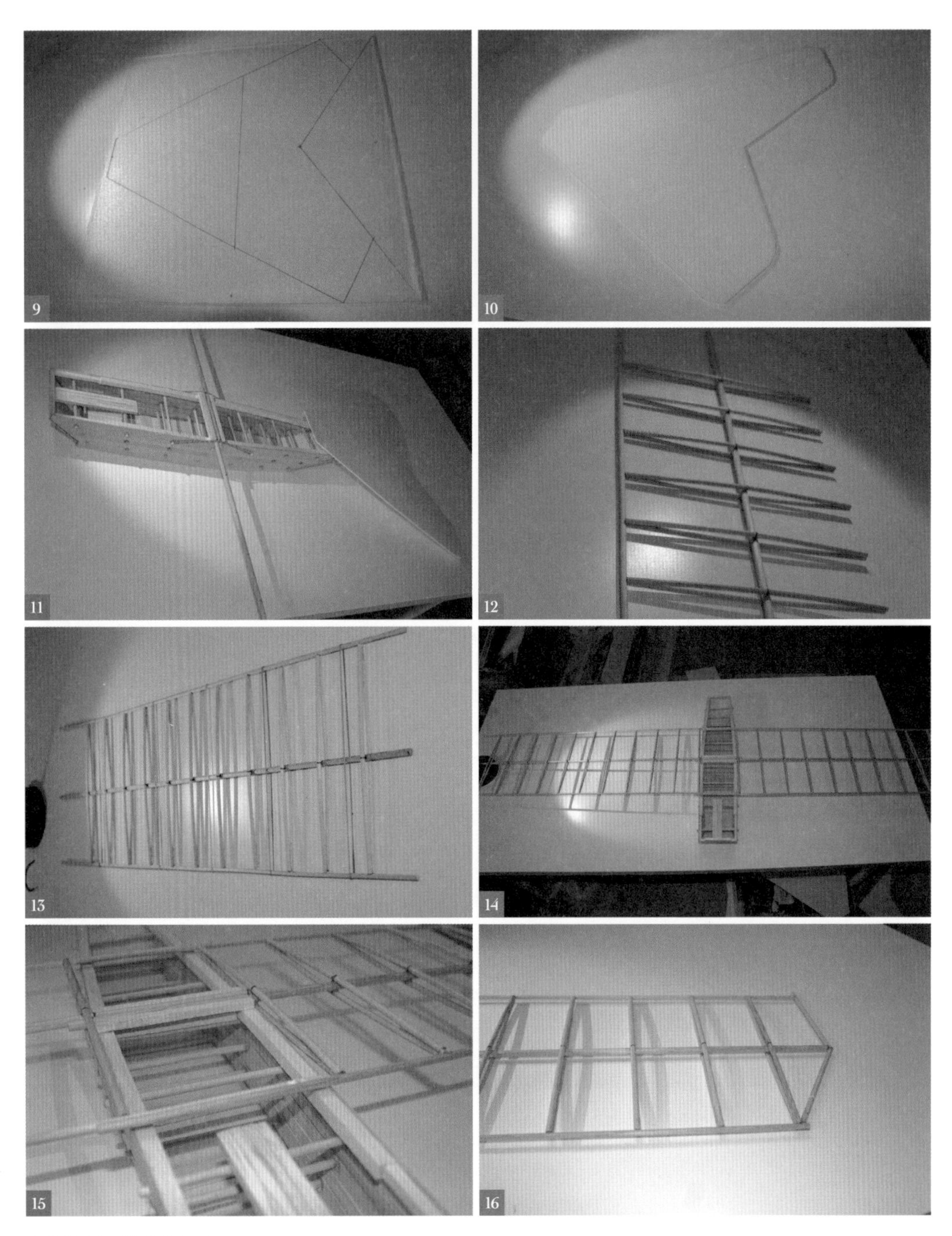

비거의 날개 제작 과정 9~16

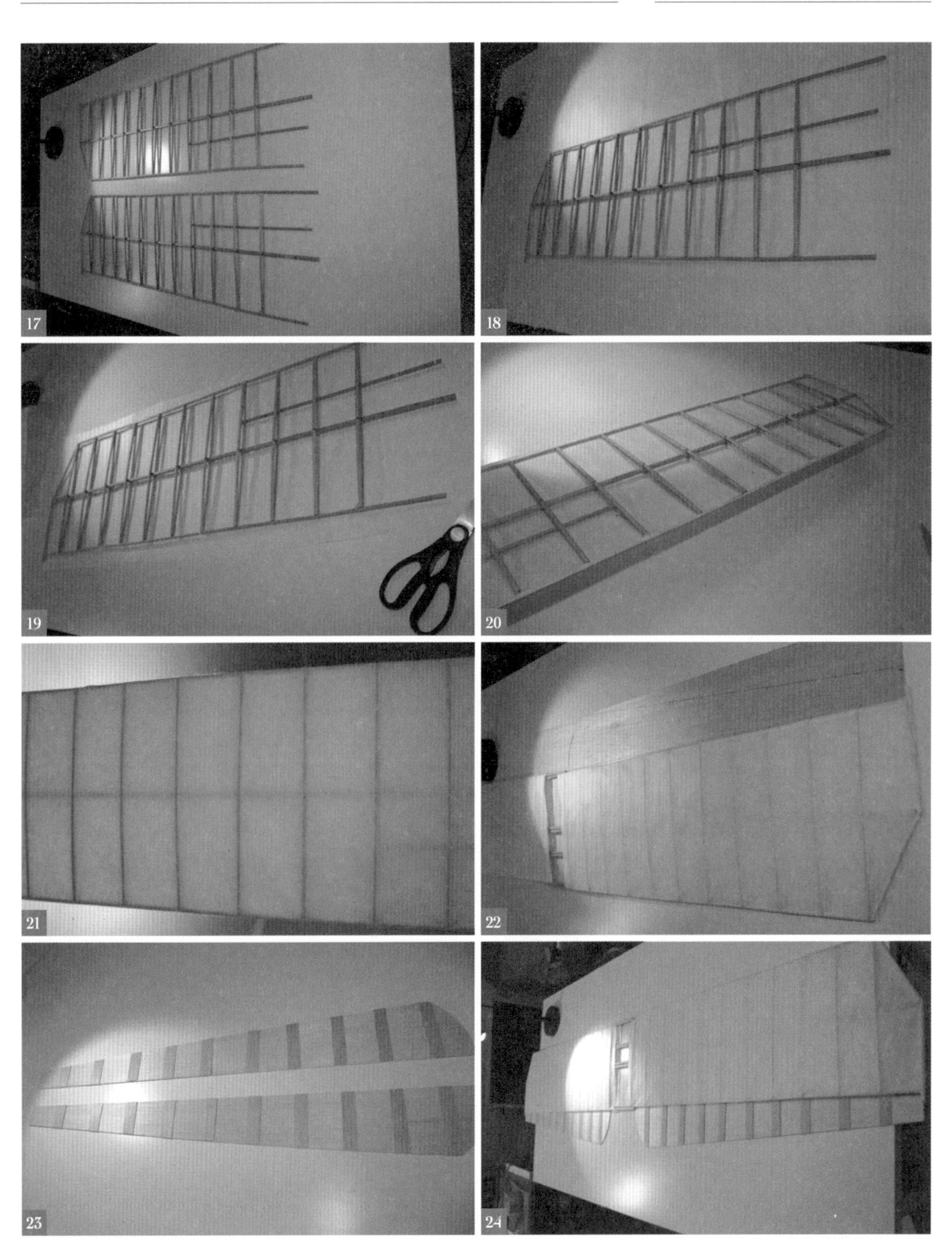

비거의 날개 제작 과정 17~24

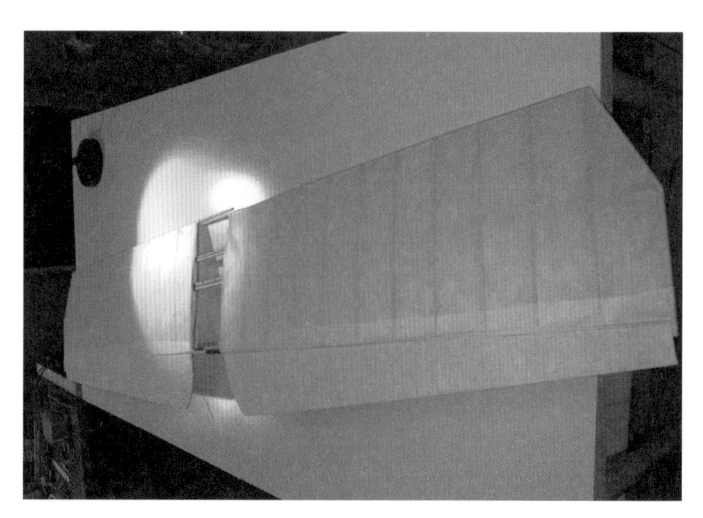

완성된 비거의 날개

해 현대의 비행기처럼 빠른 속도로 긴 활주로를 달려 이륙할 필요가 없고, 마치 새처럼 순간적으로 큰 힘을 이용해 하늘을 향해 던지듯 이륙하는 것이다. 바람과 상승 기류를 이용해 비교적 완만한 속도로 비행할 수 있다. 처음 비거를 만들고자 했던 정평구도 수많은 실험과 시행착오 끝에 돛의 형태를 차용한 구조로 날개를 구상했을 것이다.

5장

현대 비행기의 조종법

비거에서, 조종은 하늘로 뜨는 것과 함께 상당히 중요한 부분이다. 인류 최초로 동력 비행에 성공한 비행기를 라이트 형제의 플라리어호로 인정한 이유는 바로 공중에서 비행기를 조종할 수 있어서였다. 라이트 형제 이전에 독일, 프랑스, 러시아 등지에서 많은 발명가들이 증기 기관을 이용한 비행체를 발명했다. 이 비행체들은 공통적인 한계가 있었다. 증기 기관을 이용한 엔진이 너무 무거워서, 사실상 잠깐 동안 하늘에 머무는 점프 비행에 가까웠으며, 결정적으로 공중에서의 조종 방법이 미미했다. 인류가 하늘을 자유롭게 날려면 공중에서의 구체적인 비행 방법 또한 발명되어야 했다. 라이트 형제는 그 과제를 해결한 것이다.

라이트 형제는 다양한 형태의 날개 모형으로, 자체 제작한

라이트 형제의 풍동 모형

풍동을 이용해 여러 차례 실험을 했다. 이 과정에서 받음각을 변화시키면 손쉽게 양력의 발생 크기를 조절할 수 있다는 사실을 알아냈다. 받음각이 변화할 때의 양력 차이를 이용해 공중에서 비행기를 조종할 수 있다는 결론을 내리고, 하늘을 비행하는 용도의 주 날개와 별도로 조종에 이용할 작은 날개를 고안했다. 라이트 형제가 고안한 조종 날개의 위치는 현대 비행기에 장착된 꼬리 날개와 약간 차이가 있다. 라이트 형제의 방식이 효율적이었지만, 공중에서의 안정성이 부족하여 조작할 때 작은 실수만으로도 비행기가 자세를 잃고 쉽게 추락하는 단점이 있었기 때문이다. 그런 까닭에 유럽의 많은 발명가들은 조종 날개를 재설계하여 새롭게 배치했다. 비행기의 발명자는 의심의 여지없이 라이트 형제지만, 오늘날과 같은 비행기의 형태로 발전시킨 것은 유럽의 여러 항공 선구자들이었다는 점 또한 사실이다.

이제 라이트 형제와 유럽의 항공 선구자들이 확립한 공중에서의 비행기 조종 방법을 간단히 살펴 보자. 비행기는 땅 위의 자동차나 물 위의 배와는 근본적으로 다르다. 높이라는 요인이 추가되기 때문이다. 자동차와 배는 전후좌우의 2차원 평면 위에서만 움직일 수 있지만, 비행기는 상하까지 더해서 3차원 공간을 조종해야 한다. 공중에서 자신이 원하는 곳으로 가게끔 비행기를 조종하려면 전후좌우에 상하 방향까지 다뤄야 한다. 비행기에서는 3차원에서의 조종을 3개의 조종 면과 엔진 출력으로 수행한다.

현대의 모든 비행기에 적용된 3개의 조종 면은 에일러론(aileron), 엘리베이터(elevator), 그리고 러더(rudder)다. 에일러론을 보조익, 엘리베이터를 승강타, 러더를 방향타라고 부르는 경우도 없지 않지만, 일본식 표현이어서 이제는 실제로 거의 사용되지 않는다. 세 조종 면을 설명하기 전에 우선 3개 축의 개념을 이해해야 한다. 비행기의 조종 개념을 보다 쉽게 설명하는 데 도움이 된다. 하늘을 나는 새나 비행기에는 무게 중심이 있다. 말 그대로 모든 방향에서의 무게가 평형을 이루는 점이다. 보통의 경우에 비행기는 무게 중심이 날개폭의 3분의 1 지점에 있다. 무게 중심을 기준으로 동체 방향으로 뻗은 축이 X축(세로축, 옆놀이축)이라고 하며, 날개 방향으로 뻗은 축은 Y축(가로축, 키놀이축)이라고 한다. 그리고 하나의 축이 더 있는데, 비행기의 위에서 아래로 뻗은 Z축(수직축, 빗놀이축)이다. 무게 중심을 원점으로 삼아 3개의 축을 정의한 것이다. 에일러론, 엘리베이터, 러더는 이 3가지의 축을 조종한다.

먼저 에일러론은 비행기의 동체 방향으로 뻗은 X축을 따라서 좌우 방향의 움직임을 조종한다. 비행기에 타면 이륙 직후나 착륙 직전에 기체가 좌우 방향으로 기울어지는데, 에일러론이 만드는 움직임이다. 에일러론은 주 날개 끝에 위치하며 왼쪽 날개와 오른쪽 날개의 조종 면이 항상 반대로 움직인다. 즉 좌측 날개의 에일러론이 날개 상단으로 올라오면 우측 날개의 에일러론은 날개 하단으로 내려간다. 반대의 경우도 마찬가지다. 이것이 우측과 좌측 주 날개 사이에서 양력 차이를 발생시켜, 동체를 좌우로 기울게 만든다. 에일러론은 조종간으로 움직이는데 조종간을 좌우로 기울일 때 작동한다.

엘리베이터는 비행기의 날개 방향으로 뻗은 Y축에 따라 상하 방향을 조종한다. 엘리베이터는 수평 꼬리 날개에 달려 있고 좌우는 같은 방향으로 움직인다. 이 조종 면이 위로 올라가면 꼬리 날개의 양력 발생 방향이 아래쪽으로 바뀌고, 비행기의 후미가 내려간다. 이렇게 되면 날개에 위치한 무게 중심이 기준이 되어 상대적으로 비행기 전면부가 위로 들린다. 반대로 엘리베이터의 조종 면이 아래로 내려가면 후미가 위로 들리고 비행기 전면부는 내려간다. 이러한 움직임은 마치 놀이터의 시소와도 같다. 엘리베이터 역시 조종간으로 움직이는데, 몸 안쪽으로 당기면 비행기 앞부분이 위로, 몸 바깥쪽으로 밀면 비행기 앞부분이 아래로 향한다.

마지막은 비행기의 상하로 뻗은 Z축을 기준으로 좌우 방향의 미끄러짐을 조종하는 러더다. 수직 꼬리 날개에 달린 러더는 조종석 바닥에 설치된 페달로 조종한다. 러더는 비행기의 방향을 움직이는 데 직접 작용하지는 않지만, 에일러론과 연동해 비행기의 선회에 사용된다. 이착륙 시에 비행기의 측면에서 부는 바람에 저항하며 일직선으로 전진시키는 역할을 한다.

비행기를 조종할 때 에일러론, 엘리베이터, 러더의 세 조종면 외에 하나가 추가되는데, 바로 엔진의 출력을 조종하는 스로틀(throttle)이다. 이것은 자동차의 액셀러레이터와 같은 역할이며 페달 형태가 아닌 전후로 움직이는 레버 형태이다. 이상의 내용을 종합해서 실제 비행기를 어떻게 조종하는지 경비행기◆를 예로 들어 살펴보자.

◆輕飛行機. 기관이 1~2개인 프로펠러 비행기를 뜻한다.

주기장에 있는 비행기의 조종석에 착석하면, 우선 시동을 건다. 다음에 고정된 브레이크를 풀고 스로틀을 조금 올려서 비행기를 활주로까지 이동시킨다. 이때 러더로 자동차처럼 좌우 방향을 조종한다, 러더의 움직임은 앞바퀴와도 연결되어 있어서 지상에서 러더의 왼쪽 페달을 밟으면 왼쪽으로 꺾이고 오른쪽을 밟으면 오른쪽으로 꺾인다. 비행기가 활주로 앞까지 오면 활주로와 일자가 되도록 비행기를 움직이고 일단 정지한다. 그 다음 엔진 출력을 최대로 올리고 러더로 비행기를 직진시킨다. 비행기 속도가 이륙이 가능하게 가속되면 조종간을 몸 안쪽으로 살짝 당긴다. 이 상태를 유지하면 어느 순간에 비행기의 전면부가 위로 올라가면서 이륙하게 된다.

이륙 후에 원하는 고도까지 비행기가 상승하면 출력을 줄이고 수평 비행을 한다. 수평 비행은 비행기 조종의 가장 기본적인 부분인 동시에, 상당히 중요한 과정이다. 비행기의 모든 기동은 시작과 끝이 모두 수평 비행이다. 이 비행은 비행기에 작용하는 4가지 힘인 추력(推力), 항력(抗力), 양력, 중력이 균형을 이루어야만 가능하다. 만약 추력이 약간 강하게 작용한다면 비행기는 계속 가속하고 속도가 빨라질수록 양력 발생량도 커진다. 결국 중력보다 양력이 커져서 비행기는 계속 상승한다. 이러한 상승을 멈추기 위해 엘리베이터로 기수를 아래로 내리며 수평 비행을 유지하면, 속도가 점점 빨라져서 시간이 갈수록 양력이 너무 많이 발생해 엘리베이터로도 기수를 내릴 수 없게 된다.

이와는 반대로 추력이 수평 비행에 필요한 양보다 조금 작게 작용한다면 항력이 추력보다 더 커지기 때문에 비행기의 속도와 양력의 발생량은 줄어들고 양력이 중력보다 작아져서 비행기가 하강한다. 이 움직임을 막기 위해 엘리베이터로 기수를 올리면 속도는 점점 더 감소하다가 저속에 따른 실속에 빠진다. 저속 실속(低速失速, stall)은 날개 주변을 흐르는 공기의 움직임이 느려지면서 결국은 그 흐름이 날개 표면에서 이탈하는 현상이다. 그대로 방치할 경우 양력의 발생이 순간적으로 감소해, 날개가 제대로 역할을 못하고 바로 비행기가 추락한다.

수평 비행은 비행기에 작용하는 4가지 힘이 균형을 이루어야 하는데 특히 추력의 미세한 변화에 따라 비행기가 상승하거나 하강하므로, 조종사는 적당한 추력의 크기를 경험으로 파악해서 조절해야 한다. 수평 비행을 위한 각 조종 면과 추력의 양이 정확히 조정되면, 조종간을 놓은 상태에서도 비행기는 속도가 늘거나 줄지 않고 고도의 변화도 없는 상태에서 수평 비행을 유지한다. 이처럼 수평 비행을 위한 미세 조정을 트림(trim)이라고 한다.

비행기의 트림이 잡힌 수평 비행 상태에서 기체를 왼쪽으로 선회시키려면 조종간의 에일러론을 왼쪽으로 살짝 기울인다. 그런 다음 부드러운 곡선을 그리며 선회하기 위해서는 왼쪽 러더를 살짝 밟아야 한다. 이때 러더를 세게 밟으면 비행기가 돌면서 자꾸 선회 반경의 안쪽으로 들어오게 되는데, 이것을 내활이라고 한다. 러더를 약하게 밟으면 비행기는 선회 반경의 바깥쪽으로 흐르는 외활 상태가 된다. 즉 에일러론으로 기울어진 각도에 따라 러더를 적절히 밟아야만 기체가 정상적으로 선회하는 것이다. 비행기가 기우는 것과 동시에 기수가 약간 하강하는데, 이때 조종간을 약간 당겨서 수평을 잡아 줘야 한다. 비행기가 기운 상태로 선회하다가 다시 수평으로 돌아오려면 조종간을 오른쪽으로 당기고, 오른쪽 러더 페달을 밟으면 된다.

이제 목표 지점에 도착해서 착륙하기 위해 하강한다고 가정해 보자. 비행기는 단순히 엘리베이터로 기수를 내리는 것만으로 하강하지 않는다. 엘리베이터만 조작할 경우에 처음에는 어느 정도 하강하다가 점점 속도가 증가하면서 결국은 그 속도 때문에 다시 상승한다. 비행기의 상승, 하강 개념은 두 에너지와 관계가 있다. 운동 에너지와 위치 에너지다. 비행기의 속력이 운동 에너지를 대표하고, 비행기의 고도는 위치 에너지를 대표한다. 어느 정도의 고도를 비행하는 비행기가 착륙하려면 고도의 위치 에너지를 비행기의 속도인 운동 에너지로 전환해야 한다. 즉 수평 비행 상태에서 하강하려면 우선 추력을 줄여서 운동 에너지를 낮춰야 한다. 그 후에 엘리베이터로 적절한 하강 각도를 유지하고, 추력이 줄면서 사라진 운동 에너지만큼 위치 에너지를 소모하도록 조종해야 한다. 비행기 전체적으로 보면 수평 비행 시의 속도와 하강 비행 시의 속도에는 거의 차이가 없게 된다. 이렇게 속도가 증가하지 않고 단계적으로 하강하면서 비행기가 활주로에 접근한다. 활주로에 접근하면 주변을 일정한 패턴으로 돌면서 단계적으로 속도를 낮추고 고도도 하강시키면서 최종 접근을 한 다음, 이어서 착륙한다.

이러한 비행기 조종의 개념을 간단히 정의하면 에일러론, 엘리베이터, 러더의 세 조종 면과 추력을 적절히 제어해서 비행기에 작용하는 힘들의 평형을 맞추는 과정이다. 세 조종 면과 추력은 독립적이지 않고 상호 보완적으로 균형을 유지하며 작용해야 한다.

6장

두 팔과 두 다리를 이용한 비거의 조종법

임진년에 정평구가 발명한 비거가 진주성 안의 사람을 싣고 성 밖으로 안전하게 탈출하는 데 성공했다면, 비거 또한 현대의 비행기처럼 사람의 뜻대로 조종할 수 있어야 한다. 공중에서의 비거를 조종하는 데 필요한 어떤 장치가 장착되었다는 사실을 암시한다. 비거의 전체적인 외형은 새를 모방했으므로 우선 새가 공중에서 방향을 어떻게 바꾸는지 알아보았다. 새와 현대 비행기의 외형을 비교하면, 가장 큰 차이는 바로 수직 꼬리 날개의 유무이다. 하늘을 나는 모든 새들은 수직 꼬리 날개가 없다. 즉 Z축을 기준으로 좌우 방향의 회전을 조종할 러더의 개념이 존재하지 않는다. 새는 오랜 시간 동안 진화해 오면서, 형태를 자유롭게 바꿀 수 있는 날개와 몸통 뒤에 길게 뻗은 꼬리만으로도

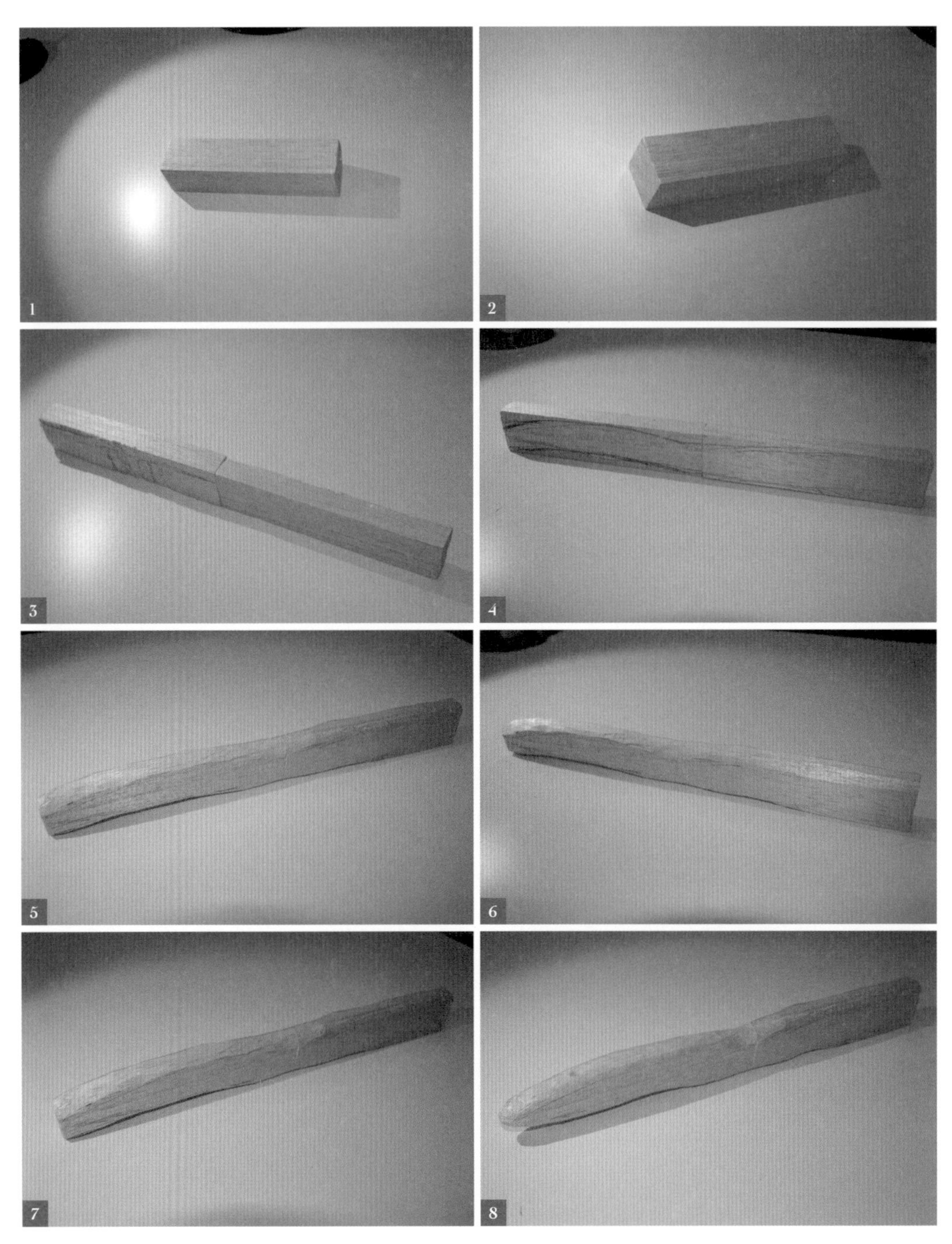

비거의 앞머리 제작 과정 1~8

자유롭게 비행하도록 진화했기 때문이다. 특히 새의 날개 움직임은 하늘에 뜨기 위한 목적도 있으므로 상당히 복잡하다.

하지만 독수리처럼 덩치가 큰 새들의 비행을 관찰하면 비교적 쉽게 방향을 틀기 위해 변형된 날개를 볼 수 있다. 기본적으로 새의 비행은 현대의 비행기처럼 바람이 빠르게 날개를 지나가는 방식이 아닌, 바람을 최대한 많이 모아서 안고 나는 방식에 가깝다. 바꿔 말하면 현재의 패러글라이더나 행글라이더와 같다. 속도는 느려도 공중에서의 움직임이 안정적이다. 양쪽 날개의 모양을 조금씩 다르게 해서 날개가 품은 공기의 양을 변화시키면 좌우 선회는 물론 바람을 이용한 상승도 가능하다. 하강은 이렇게 축적한 공기를 뒤쪽으로 흘려보내며 이루어진다. 즉 새의 날개는 각각 바람을 모으거나 뒤로 보내면서 좌우는 물론 상하의 움직임까지 조종한다. 꼬리 날개가 상하로 움직이며 동작의 균형을 잡아 준다. 새가 공중에서 방향을 바꾸는 원리다.

앞에서 설명했듯이 새롭게 구상한 비거의 날개는 전통 돛을 차용했다. 새와 같이 바람을 안고 비행하기에 적합한 형태이다. 돛은 풍향에 따라 움직이는데, 활대 끝에 달린 도붓줄로 방향을 바꾼다. 돛과 같은 형태의 날개를 비거에 적용할 때도, 도붓줄을 이용하면 날개의 받음각을 바꿀 수 있다. 비거 좌우 날개의 도붓줄을 이용해 각각의 받음각을 조종한다. 이것으로 새의 날개 동작과 같은 효과를 낸다. 좌측 도붓줄을 당기면 그쪽 날개 끝의 받음각이 약간 증가하면서 공기가 더 모여 항력이 커지고, 왼쪽으로 선회한다. 좌우의 도붓줄을 동시에 잡아당기면 양측 날개의 항력이 동시에 증가하며 속도가 감소하고, 뒤이어 순

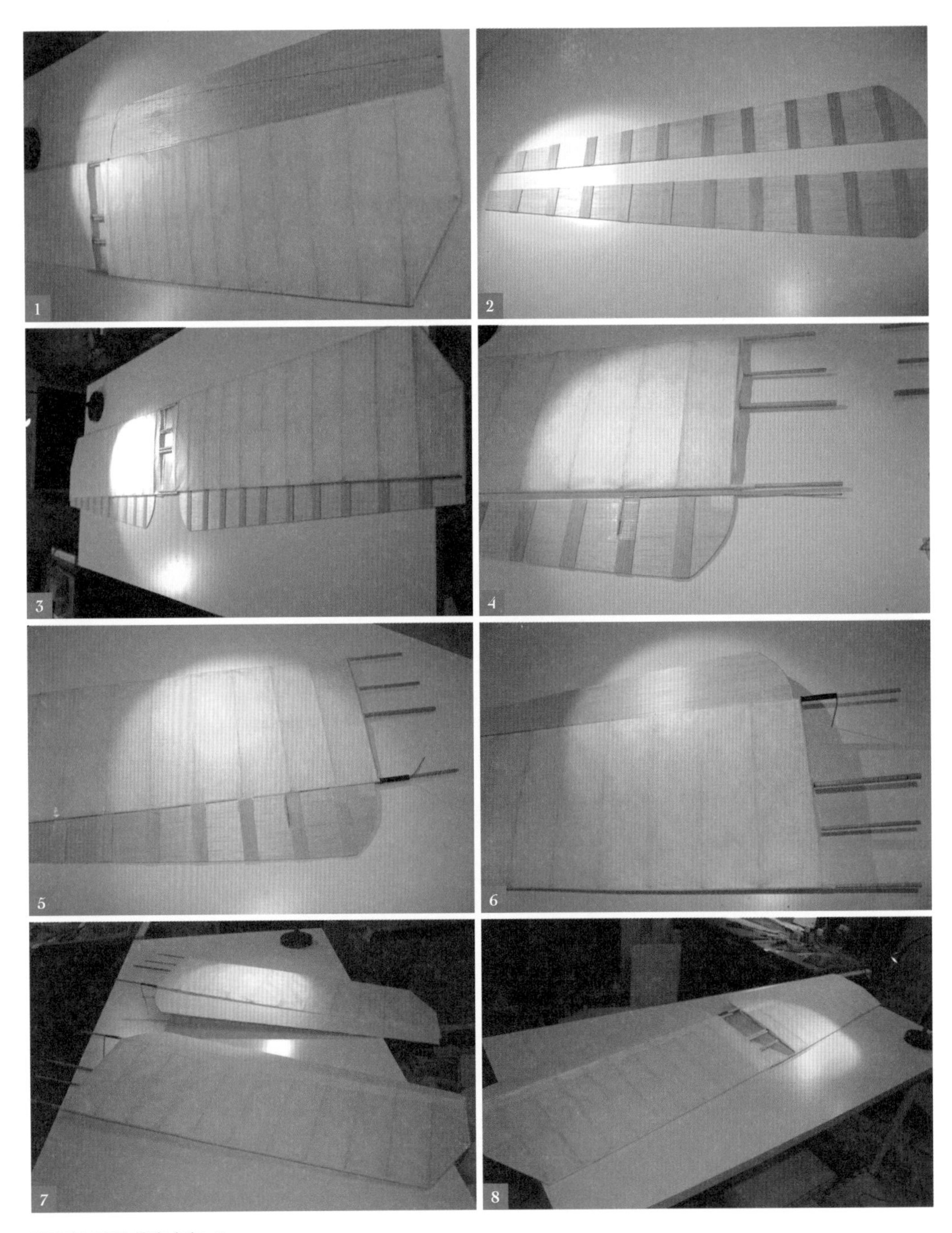

비거의 도붓줄 제작 과정 1~8

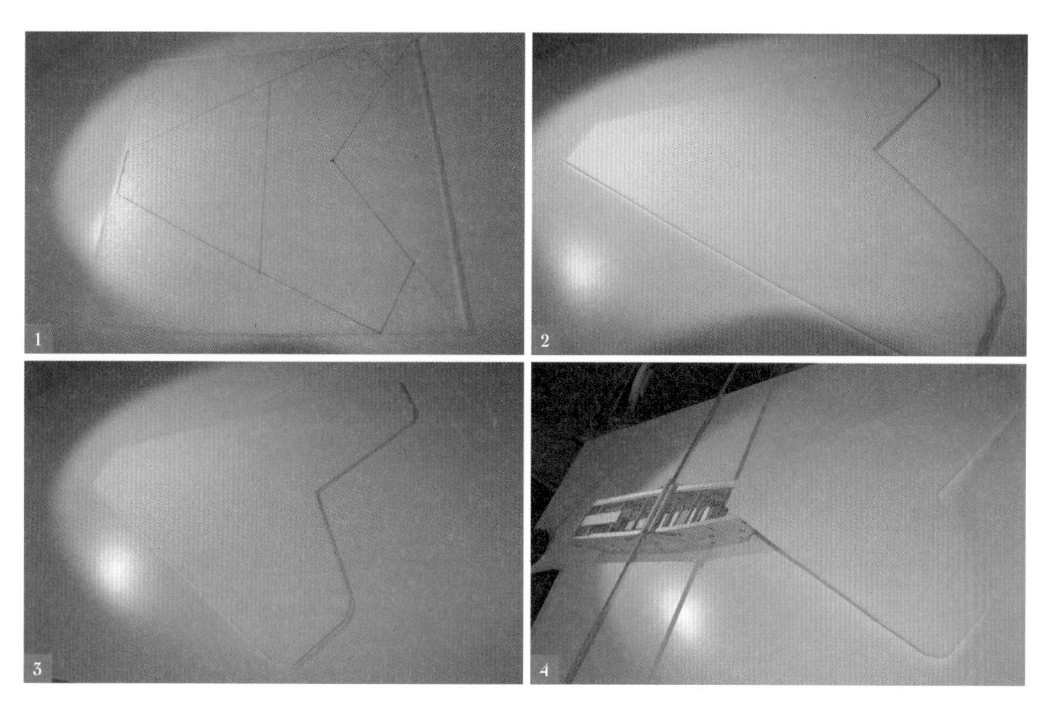

비거의 꼬리 날개 제작 과정 1~4

간적으로 양력이 커지면서 착륙이 용이해진다. 돛 형태의 날개를 장착한 비거는 지금의 패러글라이더와 같은 원리로 방향을 바꿀 수 있다. 또한 상하 방향의 조종은 꼬리 날개를 움직이면 가능하다. 비거에 적용한 꼬리 날개는 현대 비행기의 엘리베이터와 같은 역할이라고 볼 수 있다. 비거의 날개는 주 날개의 특성상 새처럼 상하 동작의 범위가 상당히 넓다.

정평구가 처음 비거를 탔을 때 오늘날과 같이 기계적으로 설계된 조종간을 이용해 움직이지는 않았을 것이다. 그러므로 조종 방식을 최소화해야 한다. 양 날개에 달린 도붓줄과 꼬리 날개로만 이루어진 비거의 조종 방식은 새의 방법과 돛의 형태를 차용한 가장 현실적이며 효율적인 접근이다. 정평구의 양손은 각각 날개의 도붓줄을 당기고, 두 발은 꼬리 날개에 연결된 발판을 누르면서 비행하는 것이다.

7장

화약을 이용한 비거의 비행법

비거가 하늘을 날 뿐만 아니라, 조종까지 가능했다면, 다음으로 생각해야 할 부분은 바로 운행법이다. 즉 비거는 어떤 방식으로 하늘을 날았는지 알아야 한다. 앞에서 서술한 비거의 날개, 동체, 조종법을 살펴보면 비거는 바람을 가르고 날기보다는 바람을 타고 나는 데 더 적합했다. 앞에서 밝혔듯이 현대의 글라이더가 쓰는 비행법과 유사하다. 행글라이더, 패러글라이더처럼 동력이 없는 글라이더 또한 바람을 이용해 하늘을 나는데, 여기에는 일정한 방법이 있다. 글라이더의 비행은 크게 3단계로 나뉜다. 상승, 자유 비행, 그리고 하강 및 착륙이다.

글라이더의 비행 단계 중 첫 번째인 상승은 말 그대로 일정한 고도까지 올라가는 것이다. 하지만 자체 동력이 없는 글

토잉

라이더는 외부 동력의 도움을 받아야만 상승할 수 있다. 동력을 공급하는 방법은 크게 2가지인데, 첫 번째는 견인줄을 이용해 비교적 낮은 고도까지 글라이더를 올리는 방법이다. 다음으로는 비행기를 이용해서 보다 높이 글라이더를 상승시키는 것이다. 이렇게 글라이더를 일정 고도까지 상승시키는 것을 토잉(towing)이라고 한다. 견인줄을 이용한 토잉은 활주로 한쪽 끝에 위치한 견인 장치에 글라이더를 긴 줄로 묶고서 빠르게 감으면서 글라이더를 띄운다. 견인줄이 감기면서 발생한 운동 에너지로 글라이더가 일정 고도까지 상승하면, 연결된 줄을 풀어서 비행을 시작한다. 비행기를 이용한 에어로 토잉에서는 엔진이 달린 비행기에 글라이더를 줄로 연결시키고 함께 이륙해서 일정 높이까지 상승한 후에, 비행기와 분리되면서 글라이더의 비행이 시작된다. 즉 상승 단계는 자체 동력이 없는 글라이더를 동력이 있는 다른 수단과 연결시켜 일정한 고도까지 올리는 단계이다.

글라이더가 상승해서 일정한 고도에 다다르면 모든 외부 동력과 단절되어 위치 에너지와 자연의 힘만을 이용해 비행한다. 이것이 자유 비행 단계다. 단순히 생각하면, 자유 비행은 상승 단계에 도달한 고도에서 서서히 하강하며 비행하기 때문에 처음의 고도 이상으로는 올라갈 수 없을 것 같지만, 실제로는 상승할 때의 높이와 상관없이 더 높은 고도까지도 비행한다. 공기 중에 형성된 특정한 흐름을 이용한 덕인데, 이것이 상승풍(上昇風)이다. 상승풍은 말 그대로 아래에서 위로 부는 바람이다. 작은 휴지 조각을 위로 던진 다음에 밑에서 바람이 올라가면 휴지가 더 높이 올라가는 것처럼, 글라이더가 이 상승풍 위로 지나가면 더 높이 올라간다. 상승풍의 발생 조건은 크게 2가지가 있는데, 하나는 열 차이이고, 다른 하나는 특정한 지형이다.

열 차이에 따른 상승풍은 서멀(thermal)이라고 하는데, 의미를 좀 더 명확히 하면 상승 온난 기류이다. 태양이 지표면을 가열하면 지표 근처의 공기도 뜨거워지는데, 이 공기는 대기 상층부로 올라가서 열 교환을 한다. 뜨거워진 공기가 올라갈 때 만들어지는 강한 상승풍이 바로 서멀이다. 서멀은 햇빛이 강한 오후에, 사막이나 도시의 낮은 고도에서 자주 발생한다. 열 차이에 따른 상승풍은 육안으로 확인할 수 없으므로 경험을 바탕으로 찾아내야 한다. 그런 까닭에 상승풍을 찾는 일을 사냥에 비유해서 서멀 헌팅(thermal hunting)이라고 부르기도 한다. 서멀 헌팅의 중요한 요령 중 하나는 새를 따라다니는 것이다. 날갯짓을 거의 하지 않는 새들이 커다란 원을 그리며 모여 있다면, 그곳에 서멀이 발생했다는 뜻이다. 서멀은 회오리바람 형태로 회전하며 상승하므로, 이것을 잘 이용하면 대기 상층부까지 어떤 동력의 도움 없이도 상승할 수 있다.

상승풍의 2번째 발생 조건은 특정한 지형이다. 단적인 예가 해안 절벽이다. 물과 땅의 비열 차 때문에 해가 거의 질 무렵에는 바다에서 육지 쪽으로 바람이 분다. 이 바람이 절벽을 만나면 절벽을 따라 올라와 위로 솟구친다. 바로 상승풍이다. 대기의 높은 지점까지 올라가지는 않지만 일정한 지역에서 항상 발생하므로 쉽게 이용할 수 있다. 글라이더를 타고 날다 고도가 너무 낮아졌다는 생각이 들면, 해안의 절벽 쪽으로 조종해서 상승풍을 받아 다시 고도를 높이는 것이다. 이렇게 상승과 하강을 반복하면서 장시간 비행이 가능하다. 상승풍은 산의 정상에서도 발생한다. 풍향에 따라 상승풍이 일어나는 지점도 달라지지만, 원리는 동일하다. 바람이 불다가 산에 닿으면 지형을 따라 올라가면서 상승풍이 된다. 패러글라이더나 행글라이더가 산 정상에서 이륙하는 데는, 높은 지대의 위치 에너지를 이용하고, 산에서의 상승풍을 받으려는 목적이 있다.

상승풍을 이용해 자유 비행을 한 후에는 마지막 단계인 하강을 하게 된다. 철저히 에너지 개념을 이용하여 하강하고 활주로 근처에 접근한 뒤 착륙하는 과정이다. 글라이더로 비행할 때는 일반 동력 비행기와는 약간 다른 과정을 거친다. 글라이더의 비행과 동력을 이용한 비행의 가장 큰 차이는 상승에 필요한 에너지를 얻는 데 있다. 동력 비행기는 비행기 자체에 달린 엔진에서 에너지를 얻고, 글라이더는 우선 외부의 동력을 빌린 후에 상승풍이라는 자연의 동력을 이용해서 비행하기 때문이다.

상승풍을 이용한 비행의 효율성은 무선 조종 비행기를 조종해 보면 쉽게 알 수 있다. 무선 조종 비행기, 즉 RC(radio control) 비행기를 즐기는 방식 중 슬롭(slop)은 평지가 아닌 산 정상이나 해안 절벽 등에서 조종하는 것이다. 슬롭을 목적으로 한 무선 조종 비행기들은 대부분 엔진이나 모터를 장착하지 않는다. 개인의 취향에 따라 모터를 장착하는 경우도 있지만, 기본적으로는 필요하지 않다. 동력이 공급되지 않는 슬롭용 기체들은 순수하게 자연의 힘만을 이용해 나는데, 1회 비행 시간이 1시간 이상이다. 평지에서 엔진, 모터를 이용해 비행하는 무선 조종 비행기들의 평균 비행 시간이 15~20분이라는 사실을 감안하면 자연의 힘을 빌리는 슬롭 비행이 얼마나 효율적인지 드러난다.

슬롭 비행은 바람의 세기에 따라 비행 특성이 달라진다. 바람이 강할수록 기체가 무거워야만 효율적으로 비행할 수 있다. 보통은 기체가 최대한 가벼워야 비행의 효율이 높아지는 데 반해서, 슬롭 비행에서는 무게에 대한 민감성이 크지 않기 때문이다. 따라서 동력이 없더라도 상당한 크기의 대형 무선 조종 비행기 또한 비행할 수 있다. 대표적인 예가 한국의 대형 무선 조종 비행기 제작에서 1인자로 꼽히는 유재권 씨가 만든 모델이다. 여느 무선 조종 비행기의 4~5배에 달하는 크기여서 혼자서는 들 수 없을 정도의 무동력 무선 조종 비행기를 여러 사람이 산이나 해안 절벽 위에서 던지자 상승풍을 받은 기체가 비행하는 모습을 보았을 때, 자연의 힘이 얼마나 대단한지 알 수 있었다.

비거가 발명된 1592년에는 금속으로 제작한 내연 기관(內燃機關)인 엔진의 개념이 존재하지 않았다. 그러므로 비거는 현재

진주성 남벽

의 동력 비행기와는 다른 방식으로 하늘을 날았다. 새는 하늘로 날아오를 때는 날갯짓을 많이 하고, 일정한 고도에 도달하면 날갯짓의 횟수를 줄인다. 그리고는 바람을 타고서 원하는 쪽으로 비행한다. 비거를 발명한 정평구도 새의 비행 방식을 비거에 적용했다.

진주성의 남측 성벽은 남강의 바로 뒤에 있다. 약간 솟은 언덕 위에 성벽이 축조되어서, 남측 성벽은 남강에서 20미터 정도 올라간 지점이다. 즉 강과 육지가 맞닿은 곳에 성벽이 생기면서 절벽과 같은 지형이 만들어졌다. 이곳은 상승풍이 발생하는 대표적인 형태다. 강에서 육지로 부는 바람이 성벽에 부딪혀서 만들어 내는 강한 상승풍을 남강의 물질하는 새들에서 쉽게 확인할 수 있다. 글라이더와 유사한 비행을 하는 비거는 남쪽 성벽에서 발생하는 상승풍을 타고 계속적인 동력 공급 없이도 장시간 비행이 가능했다. 바람을 모을 수 있는 비거의 날개 구조와 지속적으로 상승풍이 일어나는 진주성의 입지를 고려하면, 비거의 비행 방법을 충분히 유추할 수 있다.

새가 비행을 시작할 때 쉬지 않고 날갯짓을 해서 하늘로 날아오르듯이, 비거도 우선 외부의 큰 힘을 이용해 일정한 고도까지 이르러야 한다. 그러므로 짧은 시간 안에 큰 힘을 비거에 전달해야 한다. 높은 지대에서 아래로 던지듯 뛰어 내리며 이륙하는 방법도 있지만, 이런 방법을 사용하기에는 진주성 성벽의 높이가 불충분하다. 그러므로 다른 외부의 힘으로 비거를 띄워 올려야 한다. 비거가 이륙할 때 외부 동력의 지원이 필수적이라고 가정하면서, 무엇이 가장 타당할지 검토해 보았다. 그 결과 화약을 활용한 이륙 방식을 생각해 냈다.

화차

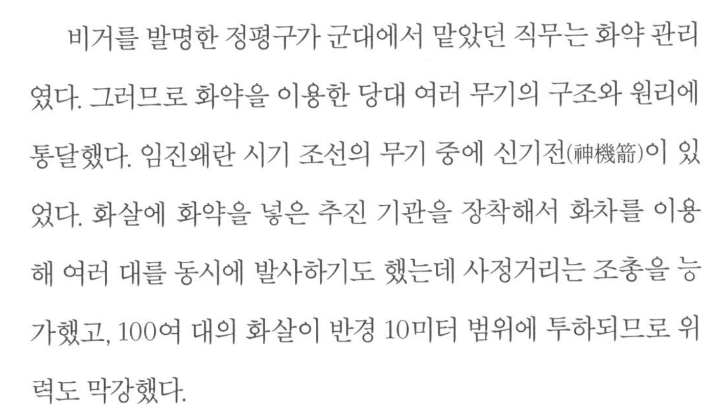

비거를 발명한 정평구가 군대에서 맡았던 직무는 화약 관리였다. 그러므로 화약을 이용한 당대 여러 무기의 구조와 원리에 통달했다. 임진왜란 시기 조선의 무기 중에 신기전(神機箭)이 있었다. 화살에 화약을 넣은 추진 기관을 장착해서 화차를 이용해 여러 대를 동시에 발사하기도 했는데 사정거리는 조총을 능가했고, 100여 대의 화살이 반경 10미터 범위에 투하되므로 위력도 막강했다.

대신기전

신기전에 장착한 추진 기관은 현대의 고체 로켓과 구조, 원리가 동일하다. 크기에 따라 대, 중, 소의 세 종류로 나뉘었는데 대형은 길이 5미터 60센티미터, 직경 10센티미터, 추진기인 약통이 70센티미터였다. 이것은 현재까지도 종이로 제작한 로켓 엔진 중에서 가장 크다. 대신기전(大神機箭)의 사정거리는 무려 2킬로미터로 지금의 무기와 비교해도 손색이 없을 정도다. 대신

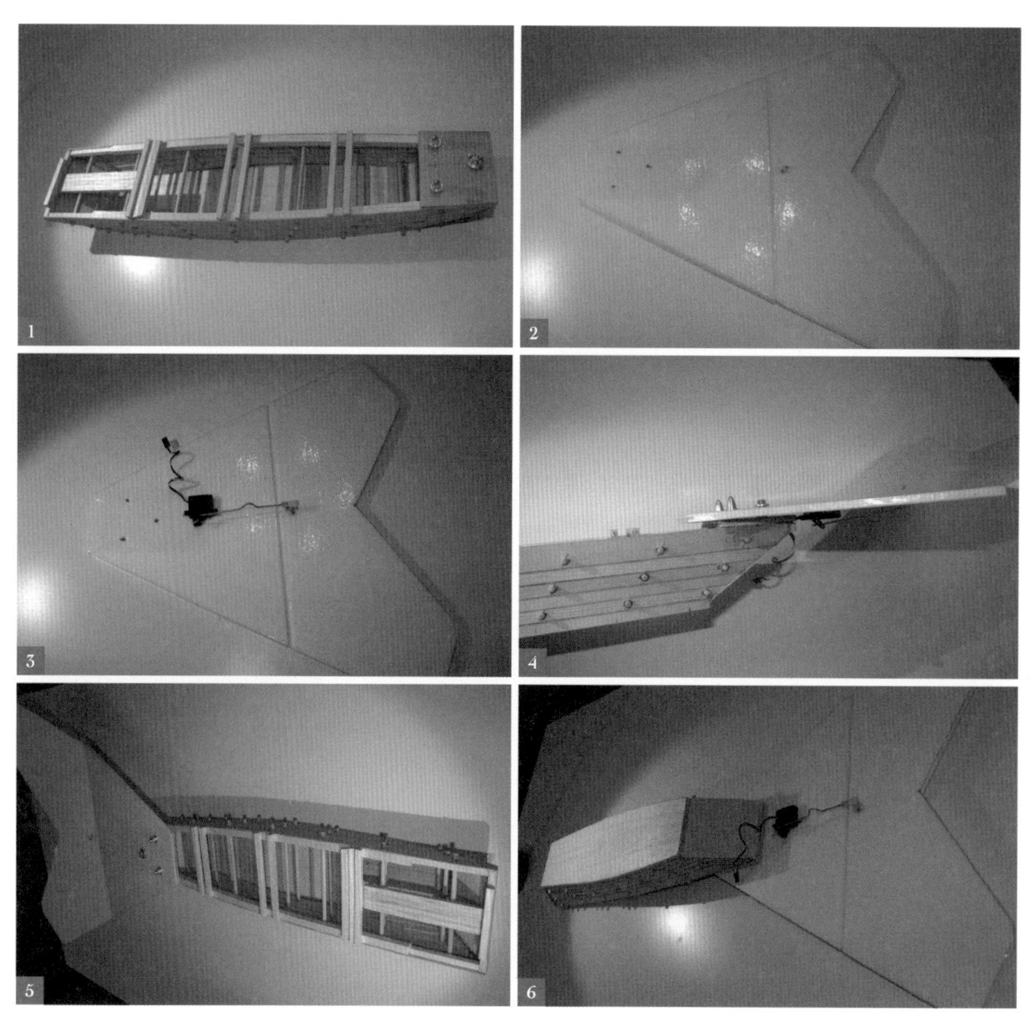

비거의 추진 장치 제작 과정 1~6

기전에 적용된 약통의 추진력은 임진왜란 당시로서는 화약이 발휘할 수 있는 최고 수준이었다. 그러므로 화약을 다루는 군인이었던 정평구가 비거의 이륙에 대신기전의 약통을 차용했을 가능성은 상당히 크다. 대신기전의 약통을 여러 개 결합시켜서 동시에 점화하면 비거를 하늘로 띄울 정도의 추진력이 발생한다. 즉 평지에서 비거를 날리려면 일정한 각도의 발사대에 올리고, 대신기전의 약통으로 구성된 추진 기관에 점화해 순간적으로 큰 힘을 일으켜야 한다. 이것은 오늘날 항공모함에서 전투기가 이륙하는 방법과 유사하다. 미국 해군의 전투기는 항공모함의 짧은 활주 거리를 고려해서 이륙할 때 고압 증기를 이용한다. 전투기 앞바퀴를 고압 증기로 작동하는 발사 장치에 연결해서 이륙에 필요한 속도까지 최단 시간에 가속시키는 것이다.

항공모함

비거의 이륙도 항공모함에 탑재된 항공기와 유사하다. 화약을 넣은 추진 장치로 순간 가속시킨 비거의 이륙 과정은 마치 하늘로 화살을 쏘는 것과 비슷하다. 이륙했다는 표현보다는 발사시켰다는 표현이 적절할지도 모르겠다. 화약으로 비거를 쏘아 올려 일정한 고도에 이르면, 다음에는 진주 성벽을 타고 형성된 상승풍을 이용해 최대한 높이 올라간다. 좀 더 빨리 고도를 확보해야 한다면 추가로 약통을 설치해서 발사할 수도 있을 것이다. 상승을 완료한 후에는 진주성 주위를 비행하며 정찰하거나, 화살과 화약통을 이용해 공격하는 등 임무를 수행한다. 시간이 지나 비행 고도가 낮아지면 다시 성벽 쪽으로 이동해서 상승풍을 받아 비행을 지속한다. 모든 임무를 마친 후에는 남강의 수면으로 하강한다. 지상에 착륙할 수도 있겠지만, 주변에 장애물이 없고 넓은 남강의 수면에 내리는 것이 더 안전했을 것이다.

즉 비거는 화약을 이용해 하늘로 발사되듯이 이륙해, 진주성 주위에 형성된 상승 기류를 타고 고도를 높여서 임무를 수행한 다음, 남강에 내려앉는 방식으로 운행되었을 것이다.

8장

비행기의 소재

비거의 구조와 조종법, 그리고 비행법의 구상까지 완성하더라도, 실제 비거를 제작하는 데 필요한 구조 재료가 없다면 무의미하다. 비거처럼 하늘을 나는 비행체는 가벼운 무게가 무엇보다도 중요하다. 비행기의 기본적인 재료는 구조를 지탱할 충분한 강도와 가벼운 무게가 요구될 수밖에 없다.

초창기의 동력 비행기에 사용된 재료는 나무였다. 목재는 어디서나 쉽게 구할 수 있고 가공하기 쉽다는 것이 장점이지만, 대체적으로 강도가 약했고 무엇보다도 수분의 영향을 크게 받는다. 목재는 기본적으로 수분을 함유한다. 항공기에 쓰일 목재는 수분이 적어야만 강도가 높아지고 무게는 줄어든다. 하지만 목재 속 수분을 완전히 건조시키는 것은 불가능하다. 일반적으로

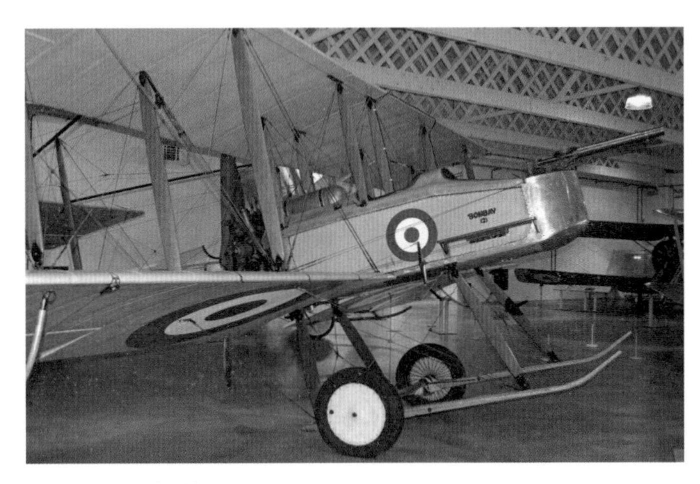

빅커스 FB. 5 복원 모형

는 원목을 베었을 때를 기준으로 수분이 40퍼센트만 남을 때까지 자연 건조시킨 후에 항공기의 자재로 이용했다. 잔여 수분을 40퍼센트 이하까지 건조시킬 수도 있었지만, 항공기로 제작해 운행하면, 주위의 수분을 흡수해서 40퍼센트 수준을 유지하게 되므로 더 건조시킬 필요가 없었다.

제1차 세계 대전에 출전한 비행기는 이렇게 자연 건조한 목재로 제작되었다. 나무로 기본 구조를 짜고 그 위에 천을 둘러 동체와 날개를 만들었으며, 강선을 추가해 부족한 강도를 보강했다. 목재의 강도와 무게만 고려한다면 비행기를 제작할 때 이러한 구조와 제작 방식이 최선이었다. 그 후로 더욱 빠른 고성능 비행기를 개발할 필요성이 증대되면서, 전반적으로 큰 발전이 이루어졌다. 기본적인 구조 재료 또한 단순한 목재에서 강도를 더욱 높인 합판으로 바꾸었다. 합판은 목판을 여러 겹 겹치고 압축해 만들었는데 기본 강도가 뛰어났으며 건조 시간을 단축

소드피시 LS326

할 수 있고 다양한 모양으로 가공이 가능했기 때문에 널리 이용되었다.

제2차 세계 대전을 거치면서 항공기는 더욱 급속히 발전했고 기본 구조 재료는 목재에서 금속으로 바뀌었다. 알루미늄 합금의 세미 모노코크 구조로 기체의 무게는 훨씬 가벼워졌고 동시에 더욱 강해졌다. 금속제 비행기는 재료인 금속 자체가 비행기 전체의 강도를 좌우하므로 알루미늄은 물론 여러 금속을 적용한 합금 기술과 금속의 제련 기술이 큰 발전을 이루었다. 제2차 세계 대전 중 도버 해협에서 영국과 독일 간에 펼쳐진 치열한 공중전은 양질의 금속 소재를 빨리 공급한 지상의 전폭적인 지원 덕분에 가능했다. 당시에 항공기를 만들 금속이 부족했던 영국은 일부 전투기들이 합판으로 제작되기도 했으며, 전문적인 제작자가 아닌 피아노나 가구를 만들던 여성들까지 총동원하여 전투기 생산에 매진한 결과, 유럽 전선의 제공권을 장악할

코멧 4C

수 있었다.

제2차 세계 대전이 끝난 후에는 다양한 합금 재료가 군과 민간 모두에서 항공기 자재로 확산되었다. 여객 수송과 화물 운송을 위한 대형 제트 여객기의 등장은 합금을 사용한 항공기의 절정을 알리는 신호탄이었다. 이렇게 광범위하게 항공기에 금속을 사용하면서 새로운 개념이 드러났는데, 바로 금속의 피로 현상이다.

종전 후에 영국은 그동안 축적한 우수한 합금 기술과 프랭크 휘틀(Frank Whittle)이 개발한 제트 엔진을 토대로 최초의 민간용 제트 여객기인 코멧(Comet)를 개발했다. 코멧의 기본 재료는 강도를 극대화시킨 알루미늄 합금이었다. 당시에 존재한 어떤 합금보다도 강도가 우수했던 까닭에 재료의 문제에 기인한 사고는 절대 없을 것이라고 많은 사람들은 생각했다. 그러나 운행을 시작한 지 몇 년이 지나지 않아서 비행 중 추락 사고가 연이어 발생했다. 코멧의 운항은 전면 중지되었고, 조사에 착수했다. 그 결과 밝혀진 사고 원인은 많은 공학자들을 충격에 몰아넣었다. 완벽하다고 확신했던 기본 자재인 알루미늄 합금이 사고의 핵심이었다. 알루미늄에 누적된 피로 때문에 금속 파괴가 발생했다는 사실을 확인한 것이다.

항공기 구조 재료의 강도를 극대화시키자. 당시의 공학자들이 예상하지 못한 현상이 일어났다. 피로 현상은 금속이 장시간 주기적으로 힘을 받는 과정에서 서서히 진행되는데, 금속의 연성, 즉 부드러움이 부족하기 때문이다. 코멧에 사용한 알루미늄 합금은 강도를 최우선시한 까닭에, 연성은 적었다. 제트 여객기는 여러 고도를 이동하며 운항한다. 지상과 가까울 때는 문제가 없었지만 고도가 높아지면 여객기 내부의 기압이 외부의 기압보다 높아서, 기체가 외부를 향해 팽창한다.

다른 합금보다 상대적으로 단단한 코멧의 동체는 이러한 변화에 취약했다. 동체를 둘러싼 알루미늄 외피의 연성이 부족한 까닭에 팽창하지 못하면서 압력은 금속판들의 연결 부위로 집중되었다. 여러 차례 운항을 하는 동안 연결 부위에는 압력이 누적되었고 결국 어느 순간에 팽창하려는 힘을 이기지 못하면서, 여객기가 공중 분해되는 사고가 일어나고 말았다. 수많은 인명을 앗아간 코멧 사고를 경험하고서, 높은 고도에서 운항하는 제트 여객기의 기본 재료가 갖추어야 할 조건이 추가되었다. 바로 금속의 연성이다. 비행기의 기본 자재는 일정한 수준 이상의 강도에 무게가 가벼우면서, 너무 단단하지 않아야 한다. 금속의 피로 현상을 해결한 알루미늄 합금이 등장하면서 이와 같은 사고는 반복되지 않았고 금속을 재료로 한 대형 여객기의 경이로운 성장이 지속되었다.

이렇게 오랫동안 비행기를 구성하는 기본 재료로 금속이 사용되었지만, 최근에 전혀 새로운 소재가 개발되어 부분적으로 적용되고 있다. 이것이 복합 소재이다. 복합 소재의 개발 목적은 금속의 특성을 유지하면서 무게를 획기적으로 감소시키는 것이었다. 성질이 완전히 상반되는 두 물질을 결합시키는 것이 생성 원리인데, 대표적인 예가 섬유 강화 플라스틱◆이다. 직물 형태로 짠 섬유질과 액체 상태의 경화제를 결합시켜서 유리 섬유를 만든다. 부드러운 천과 같은 상태의 섬유질로 원하는 부품 형태의 틀을 감싸고, 그 위에 액체인 경화제를 덧발라서 굳힘으로써 부품을 제작한다. 압력을 많이 받는 부분에는 섬유질을 여러 겹으로 쌓아서 내구성을 강화한다. 틀을 이용해 섬유 강화 플라스틱으로 부품을 만드는 까닭에, 이 틀을 확대하면 비행기의 동체, 날개를 여러 부분으로 나누지 않고 한번에 제작할 수 있다. 단일한 동체나 날개는 무게가 훨씬 가볍고 부식이나 피로에 대한 내구성도 강해서, 기체의 수명이 증가한다는 장점이 있다. 현재는 제작 비용이 높기 때문에 주로 소형 비행기나 전투기 제작 공정에서 적용되며, 부분적으로 활용하는 실정이다. 하지만 장기적으로는 전투기, 항공기의 구조 재료로 복합 소재의 비중이 크게 증가하고, 종류 역시 다양해질 것으로 예상한다.

◆ fiber reinforced plastic, FRP. 폴리에스터 수지에 섬유 등의 강화재를 혼합하여 기계적 강도와 내열성을 향상시킨 플라스틱이다.

9장

비거의 소재

비행기 구조 재료의 역사에서 확인할 수 있듯이 재료들은 우선 강도가 일정 수준 이상이어야 하고, 가벼운 동시에 유연해야 한다. 비거가 활약했던 16세기에 이러한 소재가 존재해야만 비거가 실제로 하늘을 날았다고 증명할 수 있다. 그러므로 임진왜란 당시의 소재들 중에서 비거에 적용할 재료를 찾는 것은, 무엇보다도 중요한 과제이다.

처음으로 떠오른 소재는 대나무였다. 대나무의 특성은 비행기의 구조 재료에 요구되는 조건과 매우 유사하다. 기본적인 강도의 수준은 물론 무게가 가볍고 연성도 있기 때문에 강한 바람을 받아도 부러지지 않고 높이 자란다. 또한 아시아 일대에 오래전부터 대나무가 광범위하게 서식했으므로 이 재료를 이용한 비행체의 발명 가능성을 크게 높여 준다. 단적인 예로 정평구와 가까운 시대에 살았던 이탈리아의 레오나르도 다빈치도 하늘을 나는 수단에 대한 많은 스케치를 남기고 연구했지만, 제작으로 이어지지 못한 핵심적인 이유 중 하나가 적절한 재료를 찾을 수 없었기 때문이다. 박쥐의 날개를 모방해 설계한 다빈치의 비행체는 후대의 많은 사람들이 실물로 제작해 보았지만, 모두 비행에 실패했다. 일반적인 목재로 제작할 경우에, 강도는 날개를 지탱할 정도였지만 너무 무거워서 효율이 크게 떨어지기 때문이었다. 다빈치의 설계를 변경하지 않고서도 비행이 가능하려면 소재가 훨씬 가벼워야 했다. 만약 다빈치가 대나무를 구할 수 있었다면, 그가 발명한 비행체의 성공 가능성은 훨씬 높아졌을 것이다.

대나무

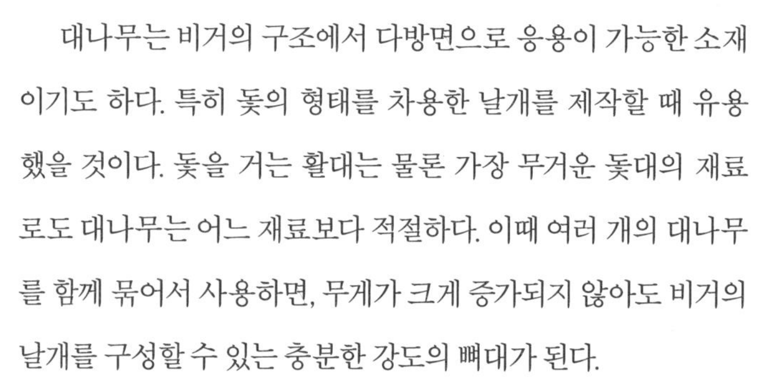

대나무는 비거의 구조에서 다방면으로 응용이 가능한 소재이기도 하다. 특히 돛의 형태를 차용한 날개를 제작할 때 유용했을 것이다. 돛을 거는 활대는 물론 가장 무거운 돛대의 재료로도 대나무는 어느 재료보다 적절하다. 이때 여러 개의 대나무를 함께 묶어서 사용하면, 무게가 크게 증가되지 않아도 비거의 날개를 구성할 수 있는 충분한 강도의 뼈대가 된다.

임진왜란 시기의 여러 소재 중 비거를 제작하는 데 활용 가능한 또 하나의 재료는 한지(韓紙)다. 한지는 중국, 일본과는 다른 한국만의 종이를 뜨는 제지법으로 만들어진다. 방식은 나라마다 차이가 있는데, 한국의 전통 방식은 상하 방향은 물론 좌우, 대각선 방향으로도 뜨기 때문에 완성된 종이의 질감이 어느 나라의 종이보다 우수했다. 특히 여러 방향으로 당겨도 쉽게 찢

어지지 않는 내구성이 중요한 특성이었다. 한지는 질기기 때문에 쓰임새가 상당히 다양했다. 또한 한지에 다른 첨가물을 넣어서 전혀 다른 성질의 소재로 활용한 경우도 있었는데, 대표적인 사례가 조선 시대에 한지로 제작한 온실이다.

『조선왕조실록(朝鮮王朝實錄)』에는 겨울에 열린 여러 궁중 행사에 봄이나 여름에 피는 꽃이 올라왔다는 기록이 곳곳에 등장한다. 최근까지만 해도 이런 구절들을 근거로 조선에 온실이 존재했을 가능성이 피상적인 가설로만 제시되었다. 그러던 중 2002년에 한 권의 책이 등장해 조선 시대의 온실은 사실로 확인되었으며, 오늘날에도 찾기 힘든 우수한 자연 친화적 기술이 적용되었다는 점에서도 깊은 인상을 남겼다. 조선의 온실이 공개되기 전까지 온실의 발상지는 유럽이라고 알려졌다. 1619년 독일에서 유리벽과 난로를 이용해 초보적인 수준의 온실이 지어졌다고 한다.

그러나 조선의 세종 시기 의관이었던 전순의(全循義)가 쓴 『산가요록(山家要錄)』이 발견되면서 세계사 속 온실의 시작도 바뀌었다. 1450년경에 저술된 이 책은 축산, 임업, 양잠 등 영농 전반에 대한 다양한 내용과 함께 각종 김치를 담그는 법, 양조법 등 총 210가지의 조리법도 담겨 있다. 그중에는 겨울철에 채소를 가꾸는 법도 실렸는데, 여기에 온실의 건축법이 구체적으로 소개되었다. 그 내용은 아래와 같다.

진흙과 볏짚을 이용한 흙벽돌로 북쪽 면은 높고 남쪽 면은 낮은 형태의 벽을 쌓는다. 바닥에는 구들을 놓고 그 위에 30센

조선 시대에 종이를 두껍게 발라 만든 함들

◆ 培養土. 식물을 기르는 데 쓰기 위하여 인위적으로 거름을 섞어 걸게 만든 흙을 말한다.

티미터 정도의 배양토◆를 깐다. 천장에는 기름 먹인 한지를 씌운 창을 단다. 구들을 데우는 아궁이에 큰 가마솥을 걸어서 물을 끓이되 가마솥 뚜껑 위에는 나무로 만든 관을 설치해 수증기가 온실 안으로 들어가게 한다.

학계에서는 이 책에 기술된 조선 시대 온실의 효율을 확인하기 위해 그 온실을 복원해서 각종 채소를 직접 재배했다. 실험 결과는 기대 이상이었다. 씨앗의 발아율은 우리의 예상을 크게 상회했을 뿐만 아니라, 성장 속도 또한 여름철과 거의 동일한 수준이었던 것이다. 난로로 공기 온도를 높이는 서양의 단순한 방식과는 달리, 구들로 땅의 온도를 높이면서 가마솥의 수증기로 공기의 온도도 동시에 올리는 구조적 특성 덕분에 이러한 효율성이 가능했다. 또한 온실 내부에 공급되는 수증기는 습도를 더하는 효과도 있어서 아무리 추운 겨울이더라도 온실 내부는 여름과 비슷한 환경이 유지되었다.

이러한 인공적인 환경을 유지시킨 핵심 요소가 기름 먹인 한지, 즉 유지였다. 유지는 반투명 상태여서 빛을 투과한다. 또한 한지의 내구성 덕분에 폭우나 폭설에도 쉽게 훼손되지 않는다. 마지막으로 유지는 물이 기체 상태일 때만 내부로 통과시킨다. 온실 내부의 습도를 일정한 상태로 유지하는 동시에, 현재의 비닐하우스처럼 새벽에 결로 현상이 일어나는 일도 없다. 따라서 조선 시대의 온실은 오늘날보다도 더 과학적인 원리에 따라 구성된 효율적인 시설이었다. 최근에는 온수 파이프를 매설하고 보일러를 가동해 땅의 온도를 높이는 방법을 새로운 농법 중 하

비거의 옻칠 과정 1~8

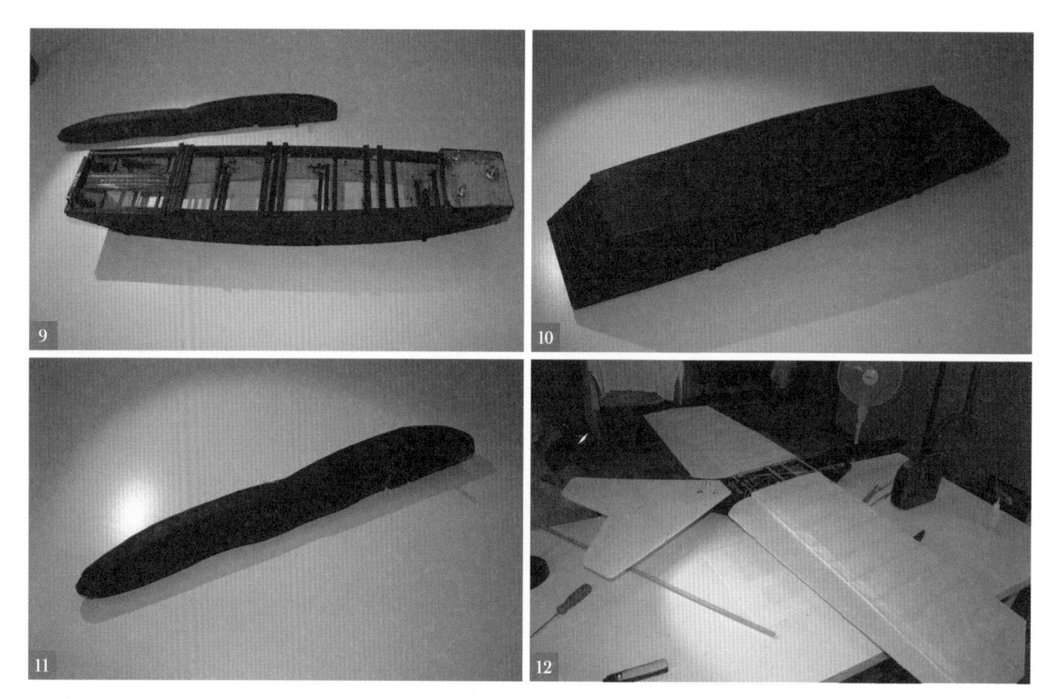

비거의 옻칠 과정 9~12

나로 연구 중이지만, 구들을 설치해 지면의 온도를 높이는 기술은 그보다 더 효율적이다. 결정적으로 조선의 온실을 감싼 기름 먹인 한지의 특성들은 오늘날의 비닐이 일으키는 여러 문제점들을 상당히 쉽게 해결했다. 난로와 유리벽으로 구성된 초보적인 수준이었던 세계 최초의 온실보다 170여년이나 앞서서 제작된 조선의 온실이 시대적으로 앞설 뿐만 아니라, 성능과 효율이 현대의 기술에 뒤지지 않을 정도로 뛰어나다는 사실은 조선 시대의 기술적 수준을 반증하는 또 하나의 중요한 사례이다.

조선 시대에 온실의 핵심 소재였던 유지로 확인했듯, 한지에 다른 물질을 첨가해서 더 가볍고 질긴 소재로 만들 수 있다. 한지가 비거의 날개로도 충분히 사용될 수 있다는 뜻이다. 한지에 어떤 재료를 더하면 비거에 적용할 만큼 질기고도 유연해질까? 아직 정확한 해답을 찾지는 못했지만, 가장 유력하고 연구 가치가 있는 소재는 존재한다. 바로 옻칠이다. 칠(漆)이란 옻나무에서 채취한 수액을 말한다. 옻나무에 상처를 내면 나무 스스로 외피를 치유하기 위해 백갈색의 액체를 분비한다. 이 액은 공기와 접촉하면 서서히 굳는데, 모아서 다른 목재에 바르고 굳히는 과정을 옻칠 혹은 칠이라고 부른다. 흔히 옻칠로 부르는 경우가 많지만 이것은 '역전앞'처럼 같은 단어가 2번 쓰이는 중복 표현이다.

현재는 칠을 대신하는 많은 화학 약품들이 존재하는 까닭에 순수한 칠 과정을 찾기는 쉽지 않다. 칠은 물에 강한 성질 덕분에, 나무로 만든 그릇, 무기, 가구, 악기 등의 마감재로 오랫동안 광범위하게 애용되었다. 방부성 또한 탁월해서 시신을 넣는 관에도 많이 쓰였던 사실이 여러 기록과 유물에서 확인된다. 칠을 한 관에 안치된 시신은 오랜 세월이 지나도 부패하지 않고 건조되어 자연스럽게 미라 형태로 보존된 경우가 많다.

칠은 습기에 매우 강한데, 건조하는 과정에서는 다른 도료와는 달리 습기가 약간 필요하다. 적당한 습기가 없는 곳에서는 결코 마르지 않는다. 그래서 칠을 한 목기를 건조시킬 때는 사방을 짚으로 둘러싸 밀폐시킨 공간에 물을 뿌려서 짚이 수분을 머금게 한 다음 칠기를 넣고 건조한다. 이 방식은 칠과 상극인 미세 먼지들이 칠 표면에 붙는 것도 방지한다. 건조 과정에서 습기를 함유한 칠은 주위의 습도에 따라 스스로 습도를 조절하게 된다. 이 덕분에 칠을 한 목재는 일정한 습도를 유지해서 오랜 시간이 지나도 썩지 않고 원형을 유지한다. 이렇게 습기를 조절하는 성질은 페인트와 같은 합성 도료에서는 찾아 볼 수 없다.

또한 칠을 한 목재에는 액체 상태의 수분이 절대 침투할 수 없다. 이 성질을 이용해 고려 시대 이전부터도 먼 바다를 항해하는 선박의 바닥은 칠로 마무리해 왔다. 이렇게 처리한 배의 선저는 오랜 시간이 지나도 바닷물에 썩거나 침수되지 않았다. 그리고 칠을 한 목재는 내구성이 향상되므로 칠을 하지 않은 배보다 훨씬 더 오래 사용할 수 있었다. 조선 시대 전선의 주력이었던 판옥선이나 임진왜란 때 건조한 거북선의 선저도 칠로 마무리했다. 칠은 방습성, 방수성과 내구성 이외에도 내열성, 접착성 등의 여러 유리한 특성이 있었으며 금속에도 사용이 가능했던 까닭에 조선 시대의 금속제 갑옷과 같은 방어구, 창과 같은 무기류에도 널리 쓰였다.

옻나무

옻나무 열매

비거가 발명된 임전왜란 당시에 칠은 지금과는 비교할 수 없을 정도로 광범위하게 쓰였으며, 그 원료인 옻나무 역시 함경북도를 제외한 전국 어디서나 재배되었다. 조선 시대에는 천연 도료인 칠의 수요가 막대했던 까닭에 옻나무의 재배가 활발했을 뿐만 아니라, 국가에 조세로 납부하는 경우까지 있었다.

비거의 동체는 비교적 가벼운 목재인 대나무이므로 칠로 마무리하면 구조의 내구성이 향상된다. 무엇보다도 한지와 칠이 결합하면 경량과 강도를 동시에 만족하는 재료를 만들 수 있는데, 오늘날 복합 소재를 제작하는 원리와 같다. 한지의 질긴 성질과 칠의 방습성, 방수성, 접착성이 결합하면 비행기 재료에 요구되는 기본적인 강도, 가벼운 무게, 적절한 유연성을 겸비한 재료가 나온다. 따라서 비거의 핵심 재료는 대나무와 일반적인 목재, 한지, 칠이었을 것이다. 대나무를 여러 개 묶어서 둘레를 한지로 감싸고 얇게 칠을 해서 말리면, 대나무의 유연함을 유지하면서도 표면은 단단해, 쉽게 갈라지거나 부러지지 않는 가벼운 날개 구조가 형성된다. 또한 한지에 칠을 해 마무리했으므로 날씨가 변하더라도 날개의 뼈대인 대나무의 습기가 일정하게 유지돼서 형태가 변형되거나 썩지 않는다.

현대의 항공기 재료는 가볍고 단단한 동시에 뒤틀림에 강하며 유연해서, 주변 환경의 변화에 따른 부식이나 변형이 적어야 한다. 이러한 점을 고려한다면 조선 시대의 비행체였던 비거의 재료와 구성 방식으로 위와 같은 가설은 최적의 해법이다. 비거를 구성하는 재료들은 대나무, 목재, 한지, 칠과 같은 기본 재료의 특성을 결합시킨 복합 소재에 가까웠다. 물론 여기까지는 이론이므로 실제로 실험과 검증을 거쳐 보완해야 할 점이 많다.

10장

우리의 비거

지금까지 서술한 비거를 요약하면 다음과 같다. 우선 비거의 동체는 전통 한선의 구조를 차용했는데, 고유의 구조적 단순성과 탁월한 안정성을 중시했기 때문이다. 새의 형태와 전통 한선의 구조는 비거를 구상할 때 충분히 연상할 수 있었을 정도로 조선의 자연관에서도 친숙한 대상일 뿐 아니라, 비거의 전체적인 운용 방식과 유사하다는 점도 고려했다. 또한 비거와 현대의 항공기 동체를 분석해 보면, 외형의 차이는 있지만 원리의 유사성이 훨씬 크다는 사실을 알 수 있다.

여러 가설을 검토한 결과 비거의 날개는 전통 한선의 돛을 모방했는데, 크기에 비해 구성이 단순하며 형태는 현대 항공기의 날개와 유사성이 크다는 점을 중시했다. 또한 바람을 이용한 항해 기술 중에서, 비행할 때 양력이 발생하는 원리와 정확히 일치하는 것을 찾아낸 덕분에, 이 기술로 비행이 가능한, 돛 형태의 비거 날개를 가정했다. 여러 차례 비거 모형으로 시험 비행을 하면서 이 가설의 타당성을 확인했고, 돛 형태의 날개가 충분히 적용 가능하다는 결론을 내렸다.

날개와 동체의 기본적인 외형을 정한 후에는 날개 구조와 조종법을 구상했다. 날개의 특성을 고려해 바람을 모아 자연스럽게 흐르게 하는 방식으로 상하좌우 방향을 조종하고, 부채꼴의 꼬리 날개는 상하의 순간적인 움직임을 부분적으로 통제한다. 기계적으로 최적화시킨 조종 장치를 고안할 수 없는 조선 시대의 상황을 고려할 때 가장 현실적인 조종 방법이기도 했다. 이것을 구체화시키기 위해 전통 한선의 돛을 조작하는 도붓줄을 적절히 바꿔서 비거에 적용했다.

비거의 이륙과 비행 방식은 현대의 항공기와 조금 다른데, 금속을 이용한 내연 기관의 발명이 당시로선 불가능하다는 판단에서다. 외부의 동력으로 이륙한 뒤 자연의 힘만을 이용해 비행하는 현대의 글라이더에서 비거의 비행 방법을 고안했다. 화약을 다루는 무관이라는 정평구의 직책을 고려해서 대신기전의 발화통을 추진 기관 삼아 순간적인 힘을 발생시켜 이륙하고, 큰 새가 원을 그리며 비행하는 원리와 같이 순수한 자연의 힘만으로 상승해서, 병기로써 활약한 뒤 물가나 넓은 평야 지대에 착지하는 방식을 고안했다.

마지막으로 비거의 조종 및 비행법을 실현할 수 있는 동체와 날개의 구조 재료들을 선정했다. 현대의 항공기에 사용하는 재료 특성을 고려해, 유사한 성질의 대나무와 비거가 발명될 당시에 널리 사용된 일반적인 목재들, 한지, 칠을 결합시킨 복합 소재 방식으로 제작하는 것이다.

이 책에서 재구성한 비거의 기본 형상은, 오래전 처음으로 비거 이야기를 들었을 때 순간적으로 떠오른 모호한 이미지에서 출발했다. 마치 익룡처럼 보이는 거대한 새의 등에 사람이 앉아서 하늘을 나는 모습으로, 멀리서는 새처럼 보이지만 가까이 다가가면 짙은 갈색의 동체에 거대한 수레바퀴와 흰 날개가 달려 있어서 사람의 손으로 만든 비행체임을 알 수 있는 형상이었다. 비거를 알았을 때 처음 머릿속에 떠올랐던 외형을 임진왜란의 한가운데서 활약한 정평구의 입장에서 거듭 수정해 매듭지었다.

비거의 제원을 정리하면 아래와 같다.

비거의 제원

형태: 고체 로켓 추진체가 달린 글라이더

탑승 인원: 2~3명(1명당 75킬로그램 기준)

실속 속도(비행을 유지하기 위한 최소 속도): 시속 55킬로미터

순항 속도(평상시 비행 속도): 시속 75~80킬로미터

자체 중량: 700킬로그램

최대 이륙 중량: 1,000킬로그램

날개 면적: 45제곱미터

익면 하중(wing loading): 1제곱미터당 22.22킬로그램

날개 길이: 19.56미터

비거의 시험 비행 1~8

비거의 시험 비행 9~16

하늘을 나는 비거

날개의 가로와 세로의 비율: 8대 1

이 제원은 비거가 지금의 글라이더와 비슷한 성능이어야만 온전히 활약할 수 있다는 가정하에 산출한 근사치다. 바꿔 말하면 실제로 제작한 비거가 위의 수치를 만족하면 그동안 구전된 활약상을 모두 재현할 수 있다는 의미다. 비거와 현재의 글라이더를 비교할 때 가장 큰 차이점은, 날개에 실리는 무게인 익면 하중을 낮추기 위해 면적이 상당히 넓어졌다는 점이다. 익면 하중 수치는 비행을 유지하기 위한 최소 속도인 실속 속도를 줄이기 위해, 최대한 작게 설정했다. 단위명에서 확인할 수 있듯이 익면 하중은 비행기의 전체 무게인 최대 이륙 중량을 날개의 면적으로 나눈 값이다. 보통 이 값이 작으면 비행 속도가 낮아지고, 글라이딩에 유리해진다. 익면 하중의 수치에서 비행 특성을 어느 정도 예측할 수 있다. 현대 글라이더에서 익면 하중의 수치가 1제곱미터당 21~34킬로그램, 실속 속도가 시속 55~68킬로미터인 점을 감안해 비거의 익면 하중을 20킬로그램 정도로 정했고, 이 수치에서 날개의 면적을 산출했다. 날개 면적의 값이 날개의 길이와 폭을 정하는 기준이었다.

비거 생각에 여념이 없던 어느 날 재미난 경험을 했다. 우연히 꿈을 꾸었는데 그 속에서 정평구라 생각되는 사람을 만났다. 주변 배경과 복색으로 미루어 확신이 든 까닭에 그동안 나름대로 구상한 비거의 모습을 흙바닥에 나뭇가지로 그림까지 그려가면서 정신없이 설명했다. 모든 설명을 묵묵히 듣고 난 후 정평구 선생은 씩 웃음을 지어 주었다. 그 웃음이 비거에 대한 정답을 맞혔다는 뜻의 웃음인지, 답에 근사했다는 웃음인지, 아니면 완전히 오답이라는 뜻의 웃음인지는 알 수 없었다.

아주 묘한 웃음이었다. 이어진 나지막한 한마디. "고맙네……. 계속하시게……."

이 꿈 이후 정평구의 비거에 대한 생각을 비로소 마무리할 수 있었다.

이제 자연에서 원리를 탐구하고, 역사적 배경을 충분히 고려해, 실현 가능한 재료와 방식으로 만들어진 새로운 비거가 과거에서 미래로 비행을 시작했다.

에필로그

정평구의 비거, 하늘을 날다

1592년 5월, 진주성 본영.

임진년 4월은 일본군이 부산을 점령하고 거점으로 삼아 한성을 향해 파죽지세로 진격하던 때였다. 왜적들이 진주로 접근 중이라는 소식이 전해지자, 진주목사 이경(李璥)은 겁을 먹고 지리산으로 도주해 버렸으며, 소식을 들은 초유사◆ 김성일(金誠一)이 이경의 휘하였던 김시민(金時敏)을 진주목사로 새로 임명해 성을 지키라는 막중한 임무를 부여했다. 이에 김시민은 임박한 공격에 대비해 진주성의 방어 전략을 수립하고 있었다. 깊은 생각에 잠긴 그때, 한 사람이 본영에 들어왔다.

"장군! 보고드리옵니다. 전라 우수사 이억기(李億祺) 장군의 명을 받아 진주 병영 별군관으로 온 정평구라 하옵니다."

◆招諭使. 난리가 일어났을 때, 백성을 타일러 경계하는 일을 하던 임시 벼슬.

"아, 그대가 정평구인가? 기다리고 있었네. 일단 이리 앉게."

며칠 전 김시민은 전라 우수사 이억기의 서찰을 받았다. 자신의 휘하에 신임하는 인물이 있는데, 그 총명함과 사람됨이 대단히 출중하여 좀 더 크게 활약하게끔 별군관으로 진급시켜 진주성으로 보내겠다는 내용이었다. 김시민은 이 인물에게 막중한 임무를 맡길 생각으로 도착을 기다렸다.

"그대도 알다시피 지금 온 나라가 왜놈들에게 유린당하고 있소. 들리는 소식에는, 이들이 한성까지 함락시키고 평양으로 진군 중이라 하네. 본관의 생각에는 일본군이 점점 북쪽으로 길어지는 보급선을 강화하기 위해서라도 이곳 진주성으로 진격할 것 같아서, 그대에게 중요한 임무를 하나 내리려 하네."

"분부만 내리십시오."

"그대는 화약에 일가견이 있다고 들었네. 화약은 전투가 벌어질 때 목숨보다 중요한 자원일세. 하지만 지금 보유한 화약의 양이 너무 적어. 이것만으로는 왜적이 공격하면 단 며칠도 버티지 못하고 함락당하고 말 것이야. 그러니 최대한 빠른 시일 내에 염초◆ 500근을 제조해 주시게. 언제 왜적들이 들이닥칠지 모르는 위급한 상황이니 모든 일은 제쳐두고 이 일에만 전념하게."

◆ 焰硝, 화약을 제조하는 기본 재료이다. 화약을 달리 이르는 말로 쓰이기도 한다.

"분부를 받들어 실행하겠나이다."

정평구는 어려서부터 총명해, 남들에게 없는 재주가 많았다. 사람들과 다른 관점에서 사물을 관찰하고, 그 결과를 현실에 활용하는 데 특출했다. 또한 언변이 뛰어나고 성정이 강인한 까닭에 장차 큰 인물이 될 것이라는 기대를 받았다. 이에 부응하듯 어린 나이부터 과거에 응시했지만 안타깝게도 기발한 발상 탓에 오히려 번번이 낙방하고 말았다. 주어진 주제에 대한 소신을 능숙하게 피력했지만, 시험관들에게 받아들여지지 않았기 때문이다. 정평구는 실패에 굴하지 않고 그답게 생각을 바꿔 무과에 응시해, 당당히 합격했다. 그러나 무관의 삶은 그리 평탄하지 않았다.

처음 정평구는 고향인 김제로 발령받아, 유사시에 그 지역의 장정들을 모아 군대를 조직해서, 중앙의 지휘관이 파견될 때까지 통솔하는 임무를 부여받았다. 당시 조정의 의도는 변란이 생겼을 때 이런 방식으로 신속하게 군대를 소집해, 유능한 중앙 지휘관이 여러 지역을 유연하게 통솔함으로써 체계적인 방어 전략을 세운다는 것이었다. 탁월한 방어책이라고 여겼던 이 대책은, 막상 난이 벌어지자 기대를 크게 벗어났다.

일본군이 침략했다는 소문을 들은 각 지역의 장정들이 뿔뿔이 흩어져 소집이 어려웠고, 어렵사리 군대를 조직했지만 중앙에서 지휘관이 오는 데 소요되는 2일을 버티지 못하고 도주해서 부대 유지가 불가능했다. 김제 역시 예외가 아니었다. 지휘를 맡은 정평구도 별다른 수를 써보지 못하고 하루 만에 부대가 와해되어, 결국 전라 우수사 휘하의 수군에 편입되었다.

그러나 수군은 기존 조직이 워낙 탄탄하고, 바다라는 특수한 조건 탓에 육상에서 주로 복무했던 정평구가 맡을 보직이 마땅치 않았다. 단지 특출한 재주를 이용해 전함인 판옥선 건조에 부분적으로 참여하고, 전함으로서의 성능을 향상시키는 작업을 진행했다. 육지에서 지혜와 용맹을 펼칠 길이 없던 정평구를 이억기 장군이 주목해 진주성으로 새로이 발령한 것이다. 그리고 육군으로서 처음 받은 임무가 다름 아닌 염초 제조였다. 화약은 정평구에게 아주 친숙한 재료였다. 무관으로 입신하자마자 정평구가 가장 먼저 관심을 가진 대상이 화약이었다. 나름대로 실험과 연구를 거듭한 끝에 화약의 기초 재료인 염초를 기존의 방법보다 더 빠르고 질 좋게 생산하는 방법을 터득했다. 정평구는 수군에 잠시 머무르며 이때의 경험을 적극 활용해 단시간에 대량의 염초를 추출한 경험도 있었기에, 진주성에서도 임무를 신속히 수행해 갔다.

염초 제련에 사용할 재를 만들기 위해 다량의 잡초와 관목을 진주성 남쪽 성벽 아래에 쌓아서 태우던 정평구는 우연히 하늘을 나는 두루미를 보았다. 그쪽 성벽 아래에는 남강이 흐르는데 먹이를 잡으려는 새들이 항상 몰려왔다. 그중에 두루미, 백로 같은 큰 새들도 있었는데, 특유의 몸짓이 정평구의 눈길을 끌었다.

"어째서 저 커다란 두루미가 큰 몸짓 없이도 저리 자유롭게 날 수 있을까? 훨씬 가벼운 오리 같은 놈들은 눈에 보이지도 않을 만치 요란하게 날갯짓을 하는데……. 덩치가 커질수록 움직임은 느려지지만, 무엇인가 이에 상응하는 기운이 발생하는 것인가? 그 기운이 어떻게 생기는지 안다면, 두루미보다 더 큰 새의 형상을 만들 수 있으리라. 혹 그 기구 안에 사람이 들어간다면, 새처럼 하늘을 날 수 있다. 그래 분명 가능할 거야!"

그날 이후 정평구는 여유가 생길 때마다 진주성 남쪽 성곽에 가서 두루미의 움직임을 최대한 세밀하게 보기 위해 애썼다. 그리고는 그날그날의 관찰을 토대로 두루미가 적게 움직이고서도 하늘을 역동적으로 날아다닐 수 있는 기운을 분석하기 시작한다.

"새는 하늘을 운행한다. 하늘은 바람으로 가득 차 있다. 바람은 물과 함께 세상을 이루는 근본이며, 끊임없이 움직여 땅의 모양을 바꾼다. 돌과 땅을 계속해서 깎는 것은 바람과 물의 공통된 성질이다. 이 때문에 하늘을 나는 새와 물에서 헤엄치는 물고기는 유사한 점이 많다. 새와 물고기의 몸통은 생김새가 닮았으며, 새의 날개와 물고기의 지느러미도 크기만 다를 뿐, 역할은 같다.

물고기는 음의 기운이 가득한 물에서 살기 때문에 양의 기운을 발해야 하고, 그러므로 물고기 안에는 양의 기운을 띤 바람이 들어 있다. 바람을 조절해 물속에서 깊이를 바꿀 수 있다. 반면 하늘에는 양의 기운을 머금은 바람이 가득하다. 따라서 새는 음의 기운에 속하는 무게를 조절해 날 때의 높고 낮음을 제어한다. 무게의 경중을 바꾸기 위해 날갯짓을 하며, 날개의 모양을 적절히 조정해서 비행 상태를 유지한다.

모든 음과 양이 그렇듯, 항상 양의 기운 속에는 약간의 음의 기운이 들어 있고, 반대의 경우도 마찬가지다. 바람은 양의 기운을 지녔지만, 음의 기운인 음풍도 약간 섞였다. 양의 기운인 양풍과 음풍이 순환하며 바람이 일고, 계속 부는 힘이 된다. 새는 양풍과 음풍을 날개로 순환시켜 무게를 지닌 몸통을 띄우는 힘을 만들어 내, 바람 속에서 날 수 있다. 그런 식으로 새는 무게를 줄여 스스로 바람이 되어서 하늘을 운행한다. 새의 날개처럼 양풍과 음풍을 접촉시켜 비행할 힘을 일으키는 큰 수레를 만들면 사람도 하늘에 뜨지 않을까."

생각이 여기까지 펼쳐지자 정평구는 그저 가만히 있을 수가 없었다. 사람을 태운 거대한 수레가 하늘을 나는 모습이 눈앞에 생생히 보이는 듯했다. 이 수레를 타면 하늘 위에서 일본군의 움직임을 환히 보는 것은 물론이요, 아무리 겹겹이 성을 포위하더라도 하늘로 탈출할 수 있었다. 그야말로 전대미문의 수단이리라. 정평구는 바로 김시민 장군을 찾아가 염초 제조를 마치면 새로운 발상의 무기를 개발할 수 있도록 사람과 물자를 지원해 달라는 청을 올렸고, 이것이 받아들여져서 하늘을 나는 수레를 제작하게 되었다.

새를 본 딴 하늘을 나는 수레를 본격적으로 구상하기에 앞서, 정평구는 매일 남강에 나와 긴 시간을 들여 여러 종류의 새들이 움직이는 모습을 자세히 관찰했다. 작은 새의 날갯짓은 너무 빨라서 정확히 관찰하기 힘들었으나, 덩치가 큰 새들은 일단 어느 정도 고도에 이르면 날갯짓이 줄고 비교적 정적으로 움직이기 때문에 동작을 최대한 정확히 볼 수 있었다. 새 날개의 복잡하며 능란한 움직임에 감탄하면서 관찰 결과를 정리했다.

"날개는 새를 바람 속에 떠서 움직이게 한다. 공중에 뜨는 것은 날개에서 생성된 힘이 새의 몸통 무게와 같을 때 가능하며, 자유롭게 방향을 바꾸며 움직이려면 이 힘이 새를 그쪽으로 밀어 내야 한다. 덩치가 작은 새는 두 작용을 유지하기 위해 눈에 보이지 않을 정도로 빠르게 날갯짓을 하는 반면, 덩치가 큰 새는 힘차게 하늘로 날아오르거나 땅으로 내려앉을 때만 날갯짓을 많이 하고, 그 밖에 하늘을 날 때는 최대한 길게 날개를 펼쳐 바람을 모은다. 만약 날개가 바람의 순환을 이용해서 충분한 힘을 만들 수 있다면, 날갯짓을 하지 않아도 공중에 떠올라 이동할 수 있지 않을까? 양풍과 음풍을 최대한 모아서 순환시켜 힘을 만드는 것이 하늘을 나는 수레의 요체인데, 어떻게 하면 이 원리를 새보다 큰 크기에서 실행할 수 있을 것인가……."

새의 비행에서 날개의 역할과 기능을 확실히 파악한 정평구는 어떤 방법으로 이 원리를 적용한 비행 수단을 구현할지에 생각을 집중한다. 우선 여러 종류의 새들을 잡아서 날개를 해부하고, 얇은 나무와 한지를 이용해 구조를 그대로 모방한 날개를 만들었다. 새와 비슷한 크기의 날개 모형은 바람을 모으며 비행하는 데는 문제가 없었지만, 조금만 크기를 키워도 바람의 힘을 이기지 못하고 번번이 부러지고 말았다. 여러 번의 실패를 겪고 난 뒤에야 단순히 새의 날개 구조를 모방해서는 새보다 훨씬 더 큰 인공 비행 수단을 하늘에 띄울 수 없다는 결론에 도달했다.

날개에 관한 문제가 풀리지 않던 중에 정평구는 남강을 가로지르는 배를 보았다. 진주성 남쪽에 남강이 흐르는데, 비교적 물살이 빠르며 폭이 넓다. 진주 남쪽으로 왕래하는 백성들은 강을 건너기 위해 돛이 달린 조그만 배를 이용했다. 여기 달린 돛은 긴 돛대에 여러 개의 가로대가 있으며, 여기 천을 메달아 바람이 부는 방향에 따라 돛의 방향을 이리저리 바꾸게끔 만들어졌다. 돛을 보자 그가 잠시 수군에 머물 때 보았던 판옥선의 큰 돛이 떠올랐다.

"그래! 저 돛이라면 충분히 가능할 거야! 바람을 모으기에 크기가 충분하고, 돛의 방향을 조금 바꾸면 양풍과 음풍을 순환시킬 수 있겠군!"

이후 정평구는 자신이 구상한 형태를 기본으로 두루미와 비슷한 크기의 모형을 만들어 진주성 남쪽 성벽 위에서 날려 보았다. 처음에는 본체가 너무 무거워서 날지 못하고 남강으로 곤두박질쳤으며, 이후에도 몇 번의 시행착오를 겪는다. 모형 새를 남강 반대편까지 날게 하는 데 꼬박 10일이 걸렸으며, 모형 새를 비행시키는 데 필요한 핵심 요소들을 이때 체득했다. 이 경험은 하늘을 나는 수레의 크기를 점차 크게 만드는 바탕이 되었다. 한 달 정도 지난 후 새를 모방해 하늘을 나는 수레의 크기는 사람 1명이 탈 정도까지 확장되었다. 우선 사람 몸무게만큼의 돌을 수레에 실어서 남강을 향해 힘차게 날렸다. 하지만 결과는 참담한 실패였다. 모형의 날개가 돌의 무게를 견디지 못해 부러지면서 그대로 추락해 강물 속에 가라앉았다. 사람을 태우기에는 날개의 지지대가 너무 약했다. 지지대는 참나무를 깎아 만들었는데, 이 정도의 무게를 견디기에는 너무 얇은 듯했다. 지지대를 좀 더 굵게 만들어, 같은 장소에서 날개가 달린 수레를 다시 던졌다. 이번에는 날개가 부러지지는 않았지만, 수레 전체의 하중이 증가하는 바람에 하늘을 날지 못하고 그대로 땅에 처박혔다. 무게가 증가한 까닭에 성벽 밖으로 던지기도 힘에 부쳤다. 방법을 바꿔 보았지만 연달아 실패하자, 정평구는 비행 수단에 대한 가설을 전체적으로 다시 검토했다.

"날개의 뼈대를 튼튼하게 할수록 무게도 증가해서 더 큰 날개가 필요하구나……. 사람이 탈 정도의 날개 크기는 도대체 어느 정도라는 말인가? 그리고 새가 처음 하늘로 날아오를 때 많은 날갯짓을 하듯, 이 모형도 날아오를 때 어떤 식으로든 더 세게 밀어야 하는데 그 방법은 무엇인가? 그리고 이 수레가 하늘에 오른 후에는 어떻게 방향을 잡고 운행해야 하는가?"

많은 의문점이 떠올랐지만, 정평구는 포기하지 않고 실험을 거듭하면서 하나하나 해결해 갔다. 다시 한 달이 지난 뒤, 드디어 사람의 무게보다 무거운 돌을 싣고도 하늘로 날아올라 남강을 넘어 산 중턱까지 비행하는 모형 새를 만들어 냈다. 이 모형은 땅과 물을 가리지 않고 내려앉을 수 있도록 몸통을 배와 같이 만들고 평평한 바닥에 축과 바퀴를 달았다. 이렇게 하고 보니 형태가 마치 수레와 비슷했다. 처음 하늘로 날아오를 때는 몸통에 장착한 대신기전 6발을 발사해 순식간에 하늘로 올라갔다. 거대한 수레가 단숨에 하늘로 치솟아 자유롭게 나는 광경을 본 사람들은 저절로 경외심을 품었다. 정평구는 이 모형 새의 이름을 날아다니는 수레, 즉 비거로 명명했다.

사람 몸무게만큼의 돌을 싣고 비거가 첫 비행에 성공할 무렵, 진주성 주변의 전황은 급박하게 돌아갔다. 일본군은 김해, 고성, 창원 등 경상도 남부 지역에서 조선군에 연패하자, 경상우도◆의 조선군 주력 부대가 진주성에 주둔했다고 판단하여, 이 성을 함락시켜 전세를 만회한다는 전략을 세운다.

1592년 10월 5일에 드디어 일본군 3만여 명이 진주성으로 공격해 왔다. 당시 성을 지키는 조선군은 목사 김시민이 지휘하는 3,800여 명이 전부였다. 진주성을 포위한 일본군은 주야로 여러 차례 공격을 해 왔다. 하지만 김시민의 탁월한 통솔력과 그 아래서 죽음을 각오하고 싸운 진주성의 백성들, 성 밖에서 쉬지

◆ 慶尙右道. 조선 시대에 경상도의 행정 구역을 동서로 나누었을 때 경상도 서부의 행정 구역. 성주·선산·합천 등 28개 군현이 속했다.

않고 항전한 곽재우(郭再祐), 최강(崔堈), 이달(李達) 등 각처 의병들의 지원에 힘입어 6일간의 치열한 공방전 끝에 일본군 2만여 명을 죽이는 대승을 거두었다. 그러나 전투의 막바지에 지휘관인 김시민이 매복 중인 적의 총탄을 맞아 중상을 입기도 했다.

"예상을 못한 것은 아니로되, 참으로 치열한 전투였다. 이 정도의 대군이 공격해 오리라고는 미처 상상하지 못했다."

전투가 벌어진 처음 며칠 동안은 밤낮으로 진주성 동쪽 성벽에서 전투를 벌이느라 비거를 사용할 겨를이 없었다. 전투가 3일째에 이른 밤에 김시민 장군의 명령으로 비거를 이용한 첫 임무에 나섰다. 처음으로 돌멩이 대신 정평구가 비거를 타고 하늘을 날았다. 두루미를 모방한 좌우 방향의 선회 조종 덕분에 원하는 쪽으로 비거를 운행할 수 있었다. 다만 급히 상승하기 위해 비거의 머리 부분을 치켜들면 순간적으로 힘을 잃고 지면을 향해 곤두박질쳤으며, 반대로 빠르게 하강하려고 하면 날개 쪽에서 큰 바람이 일며 상승하는 현상이 발생했다. 이런 문제 때문에 비거를 타다 죽을 고비를 몇 번 넘기고서야 비로소 능숙히 운행하게 되었다. 남쪽 성벽에서 비거를 발진시켜 남강을 끼고 운행 방법을 익힌 후에, 그대로 바람을 타서 남강 건너편의 산 위로 올라갔다. 이미 수차례 돌을 실은 비거가 내렸던 곳이어서 착지하기는 크게 어렵지 않았다. 대기 중이던 의병들에게 김시민 장군의 명령서를 전달하고 화살과 화약을 받은 뒤 다시 비거를 발진시켜 진주성으로 귀환했다. 돌아가는 중에 한 무리의 일본군 위를 지났는데, 마치 귀신이라도 본 양 혼비백산하며 내달리는 꼴이 아주 가관이었다.

비거가 2번째로 비행한 것은 전투 마지막 날의 새벽이었다. 일본군의 동태를 파악하기 위해 남강 위로 높이 올라 동서 방향으로 운행하며, 진지를 정탐했다. 다행히 전의를 상실하고서 퇴각을 준비 중이었다. 보초를 서던 일본군 하나가 비거를 보고서 부랴부랴 조총을 쏘았지만, 비거가 나는 높이까지는 총탄이 닿지 않았다. 총 소리에 놀라 깨어난 일본군 몇 명이 모여서 또 조총을 쏘아 대기에 활로 응수하니, 하늘에서 내리 쏜 화살에 기운이 더해져서 적군들을 관통했다. 작지만 통쾌한 승리였다. 다시 적의 진영을 두어 바퀴 선회한 뒤에 진주성 남쪽 성벽에 착지하려 했지만, 갑자기 날개의 기운이 빠져서 성벽을 넘지 못하고 그대로 충돌했다. 다행히 부상은 크지 않았지만, 비거가 완전히 부서져 버렸다.

"이 비거를 좀 더 확장해 여러 사람이 탑승하고 적진 위를 날며 활을 쏘거나 폭탄을 투하한다면 가공할 병기가 될 것이다. 확장한 비거를 여러 대 제작해서 무리 지어 하늘을 난다면, 전국 방방곡곡을 다니며 일본군을 섬멸할 수 있다!"

진주성 전투가 끝난 뒤에 정평구는 곧바로 좀 더 큰 규모의 비거 제작에 나섰다. 그러나 비거를 아낌없이 지원했던 김시민 장군이 결국은 세상을 떠났고, 진주성의 백성들 또한 큰 피해를 입은 탓에 비거 제작에 나설 여력이 없었다. 정평구는 조정에 비거의 존재와 병기로써의 가치를 설명하고 인적, 물적 지원이 이루어지면, 비거로 한 달 안에 모든 왜군을 섬멸할 수 있다는 상소를 올린다. 그러나 상소를 올릴 때마다 허풍으로 간주되어 번번이 조정에 전달되지 않았다. 비거가 하늘을 나는 모습을 직접 보았던 진주성의 백성들만 탄식하며 안타까워했을 뿐이다.

별수 없이 정평구는 몇 안 되는 지인들과 함께 오직 자력으로 새로운 비거를 제작하기 시작한다. 진주성을 나와 남강 건너편의 산 중턱에 터를 잡고 은거하며 밤낮으로 제작에 매진했다. 새 비거는 이전에 비해 몸체를 키워서 4명 이상의 장정이 동시에 탈 수 있었으며, 날개도 더 넓혀서 충분한 힘을 내게 만들었다. 또한 여러 대의 모형 비거를 만들어 날려 보고 결과를 반영해 좀 더 안정적으로 운행할 수 있도록 다듬어 나갔다.

시간이 흘러 1592년 겨울이 지나고 1593년 5월이 되어서야 새로운 비거가 완성되었다. 당시 조선의 전세는 바다에서 이순신 장군의 수군이 잇달아 대승을 거두어 북으로 거침없이 진격하던 일본군의 기세를 꺾었고, 뭍에서는 행주산성의 치열한 전투 끝에 승리하여 일본군의 북진을 봉쇄했다. 조선과 명나라 연합군은 임진강을 끼고 일본군과 대치하며 강화 회담을 진행했다. 그러나 당연히 승리할 것이라 기대했던 전쟁이 예상을 빗나가고, 그중에서도 진주성 전투의 패전이 전세가 기우는 데 큰 영향을 주었다고 생각한 도요토미 히데요시(豊臣秀吉)는 다시 한번 대군을 동원해 진주성을 함락시키려 했다. 철저한 보복성 공격이었기 때문에 성을 무너뜨리고 백성들은 남김없이 죽이라는 명령까지 내렸다.

일본군은 10만의 대병력으로 주변 지역을 차례로 점령한 후에, 마침내 1593년 6월 19일 진주성에 이르렀다. 진주성의 조선군은 김천일(金千鎰)과 최경회(崔慶會)가 이끄는 군사 3,000명이 있었을 뿐이고 백성은 3만여 명이었다. 병력면에서 압도적인 일본군은 10만의 대군으로 진주성을 사방에서 여러 겹 포위하고서 서서히 압박해 왔다.

1593년 6월 22일에 개조한 비거가 첫 출격에 나섰다. 이른 아침에 정평구는 성으로 운송할 식량과 화약을 싣고 군사 2명과 함께 비거에 탑승해서 진주성으로 날아올랐다. 남강을 건너 진주성 상공에 이르니 북서쪽으로 전날 일본군이 성의 해자◆를 매워서 만든 넓은 길이 보였다. 곧 대규모의 공성전이 벌어질 모양이었다. 성에 내리자마자 가져 온 물자를 전달한 뒤, 오후에 화약통을 싣고 다시 비행에 나섰다. 얼마 지나지 않아 일본군의 대부대가 성으로 돌진했다. 적군이 이르기 전에 그들의 머리 위로 날아가 화약통 심지에 불을 붙여 투하했다. 굉음이 울리고 수십 명의 왜적들이 나뒹굴었다. 비거에 동승한 두 병졸이 잇달아 활을 쏘니 땅으로 내리꽂히며 추진력을 받은 화살이 적군들에게 명중했다. 기습을 당한 일본군은 크게 놀라 뿔뿔이 흩어져 허겁지겁 퇴각했다. 비거의 첫 출진에서 일본군 60여 명이 죽었으며, 예상치 못한 신병기의 등장에 당황한 일본군은 대응책 마련에 고심하게 되었다.

◆ 垓子. 방어를 주목적으로 성 주위에 둘러 판 못을 뜻한다.

이날 저녁에 일본군은 10명씩 작은 무리를 이루어 진주성으로 다시 진격해 왔다. 정평구는 비거를 타고 출진했지만, 왜군들이 작은 무리들로 흩어져서 일렬로 행군하는 바람에 화약을 투하하는 공격이 큰 효과가 없었다. 결국 일본군이 진주성 아래까지 도달하자 곧이어 조선군과 일본군의 치열한 공방전이 전개되었다. 비거를 탄 정평구는 후방의 일본군 지휘관을 집중적으로 공격했다. 치열한 전투는 이튿날까지 이어졌다. 6월 24일에 정평구는 비거를 타고 진주성 남쪽의 산 중턱에 마련해 둔 진지로 복귀했다. 연이은 출진과 저공비행 시 조총에 맞은 피해 때문에 비거를 수리할 필요가 있었다. 재료를 구하기도 어려웠던 탓에 수리하는 데 2일이 걸렸고, 성으로 가져 갈 물자를 실어 6월 26일 아침에 진주성으로 비거를 타고 돌아왔다.

그러나 비거가 날지 못한 2일의 시간을 얻은 일본군도 신무기를 동원해 진주성 함락에 열을 올렸다. 생가죽을 씌운 나무 궤짝에 사람이 올라타서 전진하는, 이른바 귀갑차라는 것이었다. 병사들이 이 수레 안에 들어가서 이동하게 되자, 비거에서 쏘는 화살로는 그들을 물리칠 수가 없었다. 그 대신 큰 돌을 싣고 비행하면서 귀갑차를 향해 투하하는 것으로 작전을 바꾸었다. 비거가 하늘 높이 있어서 정확히 명중시키기는 어려웠지만, 일단 맞았다 하면 귀갑차가 산산조각 나서 부상당하는 일본군이 속출했다. 진주성의 관군들은 끈질기게 분전했지만 성 바로 밑에서 공격을 퍼붓는 일본군에게 입은 피해 역시 만만치 않았다. 6월 26일 밤이 되자 먹구름이 몰려오더니 큰 비가 쏟아졌다. 비구름 탓에 바람의 흐름이 바뀌고 회오리가 사납게 몰아쳤다. 비가 그친 후에도 바람은 잦아들지 않아서 비거로 비행할 수 없었다. 28일 오후가 되어서야 비거는 다시 일본군을 공습할 수 있었다. 하지만 성을 포위한 일본군의 수가 너무나 많아서 쉬지 않고 공격해도 공세는 꺾일 기미가 보이지 않았다.

"참으로 통탄할 노릇이다! 비거를 조금 더 빨리 구상하여 여러 대를 만들어 군대로 조직했더라면 이렇게 참담한 패배는 없었을 것을! 어찌하여 조정은 내 상소를 허풍으로만 받아들였다는 말인가! 한 번 쏘아 1,000리를 날고, 제 아무리 산속 깊은 곳에 숨은 왜적이라도 하늘을 가릴 수는 없으니 전국 구석구석을 날아다니며 저놈들의 심장을 불화살로 꿰뚫어 모조리 죽일 수 있었거늘! 한탄스럽도다! 참으로 한탄스럽도다!"

비거의 맹활약도 보람이 없이 결국 6월 29일 오후에 진주성 동쪽 성벽이 무너지자 일본군의 총공격에 나서면서 진주성은 함락되고 말았다. 성이 함락되기 직전에 정평구는 비거를 타고 성안으로 들어가 평소 친분이 있던 성의 관리와 비거 제작에 참여했던 인부 두 사람을 태우고 성 밖으로 날아올라 성 남쪽의 산 중턱에 착륙했다. 이 사람들을 탈출시킨 뒤, 정평구는 다시 진주성을 향해 날아갔다. 그러나 일본군은 그동안 자신들을 괴롭히던 비거가 낮게 비행하며 성안에 내려앉으려 하자 필사적으로 뒤를 쫓아 조총을 집중적으로 쏘아 댔다. 위험을 무릅쓰고 성에 돌아가 적을 하나라도 더 물리치려 했지만 비거의 날개가 결국 버티지 못하고 부러지자 그대로 정평구와 함께 성안으로 추락하고 말았다. 정평구는 아쉽게도 그 큰 뜻을 미쳐 다 펴보지도 못한 채 전사하고 말았다.

진주성이 함락된 뒤 성안에 있던 거의 대부분의 사람들이 살해당해서, 2차 진주성 전투의 실상을 자세히 기록하기는 대단히 어렵다. 마지막 순간까지 싸웠던 관군의 정확한 숫자는 물론 그곳에서 싸운 인물들도 파악하기 힘들었던 탓에 정평구의 활약 또한 서서히 잊혀졌다. 결국 정평구는 비거에 대한 많은 비밀을 그대로 간직한 채 전사한 것이다. 임진왜란과 진주성 전투로부터 200년이 지나서야 강원도 원주 출신의 윤달규가 비거 제작에 참여했던 인부가 남긴 기록을 찾아내, 비거를 다시 제작하고 그 방법을 한 권의 책으로 남겼다고 한다. 하지만 이 책도 오래 되지 않아 사라져 오늘날까지 전해지지 않으면서 결국 정평구와 그의 비거는 깊은 침묵 속의 단순한 전설로 남고 말았다. 이제야 일본군의 침입으로 존망의 위기에 처했던 나라를 바로 잡고자 제작된, 우리 민족의 지혜가 담긴 최신식 무기였던 비거와 그 발명자인 정평구의 진면목을 알게 되었다. 비거는 참으로 긴 시간을 날아서 지금 돌아왔다.

맺음말

미래의 하늘로 날아온 조선의 비거

2002년 우연히 읽게 된 한 권의 책에서 시작한 꿈으로부터 어느덧 10년이 넘는 시간이 지났다. 처음 비거를 알았을 때의 뿌듯함과 낯선 영역에서 뭔가 새로운 것을 찾을 수 있으리라는 기대감이 만나 몇 가지 발견을 이루며 내 나름의 비거를 구상했고, 오랜 시간 묵혀둔 끝에 이제야 세상으로 나왔다.

정평구의 비거에 대해 공부하며 많은 고민을 하던 중에 문득 한 생각이 들었다. 시대를 거슬러 비거에 대해 고민하던 모든 사람들이 어쩌면 비슷한 생각을 했을지도 모른다는 것이었다. 비거가 대단히 자랑스럽지만, 생김새를 모르니 가치와 중요성을 설명할 방법이 없다는 큰 안타까움 말이다. 또한 그동안 비거를 연구하고 글로 남긴 모든 사람들이 마지막에 떠올리는 공통된 의문이 있었을 것이다. "정평구의 비거를 상상하고, 서술하며 어떤 이야기를 전달할까? 또한 나는 이 이야기로 후대를 위해 무엇을 남길 수 있을까?"

1750년대에 활동했던 조선의 실학자 신경준은 우리 땅의 지형과 자연에 대해 서술하기 위해 전국을 돌아다니던 중 서민들에게서 정평구의 비거 이야기를 처음 들었고, 후대 사람들도 알았으면 하는 마음에 「차제책」이라는 글을 남겼다. 1800년대의 실학자 이규경은 하늘을 나는 장치에 대한 구상을 담은 「비거변증설」이라는 글에, 신경준의 일화를 접해서 알게 된 정평구의 비거 이야기를 인용했다. 1920년대의 일제 강점기를 살았던 한글학자 권덕규는 『조선어문경위』라는 한글 교재를 편찬하면서, 민족의 자긍심을 고취시키기 위해 정평구의 비거 이야기를 비중 있게 다루기도 했다. 2000년에 KBS에서 방송한 다큐멘터리에서는 그동안 꾸준히 전해지던 정평구와 비거가 조선 시대에 실존했던 재료들로 충분히 제작 가능한 발명품이라는 가능성을 보여 주었다. 2002년에 출간된 고원태 선생의 소설 『비거』는 오늘날과 유사한 비행기 형태의 비거를 제시하면서 한국의 항공 우주 산업을 이끌어 가는 데 정평구의 비거 이야기가 작은 희망이 되었으면 하는 바람을 전하기도 했다.

하지만 비거에 대한 글을 남긴 후세의 사람들보다도 훨씬 앞선 시기에 비거의 활약을 직접 눈으로 보았을 진주성의 백성들은 그 놀라운 광경을 직접 보고도 후대에 남길 방법이 없어서 대단히 답답했을 것이다. 그래서 하는 수 없이 만나는 사람들에게 자신들이 본 비거에 대한 이야기를 입이 닳도록 말했다. 그 덕분에 우리도 지금까지 정평구의 비거를 이야기할 수 있게 되었다. 정평구의 비거에 대한 이야기를 접한 사람들은 저마다의 환경에 비추어 비거를 해석해서 후대의 사람들에게 도움이 될 의미를 남기기 위해 노력했다. 그렇다면 21세기를 시작하는 지금 우리는 정평구의 비거를 통해 무엇을 남길 수 있을까?

정평구의 비거를 처음 만났을 때 가장 먼저 느꼈던 감정은 뿌듯함이었다. 앞으로의 대한민국 항공 산업을 생각할 때, 정평구의 비거는 출발점이자 상징이 되기에 충분한 민족 고유의 발명품이기 때문이다. 우리 스스로 한반도의 항공 역사를 열었을 뿐만 아니라, 비거처럼 시대를 초월한 발명품을 만들 저력을 지녔다는 증거이다. 민족적인 자긍심을 고취시켜 준 덕분에 이 이야기가 지금까지 이어졌고, 계속해서 새롭게 전해진 것이다. 하지만 아쉬운 점도 분명하다. 비거를 계속해서 이야기할 수는 있지만, 구체적으로 보여 줄 대상이 없어서다. 지금까지의 구상을 기초로 삼아 정평구가 제작한 비거의 모형을 만들 수는 있지만, 비거의 의미를 확실히 전달하기에는 한계가 존재한다. 우리가 직접 눈으로 보고, 손으로 만지면서 정평구의 비거를 체감해야 한다. 단지 박물관에 전시된 채로, "저것이 정말 하늘을 날 수 있을까?"라는 의문만 키우는 모형이 아니라, 지금 당장이라도 우리를 태우고 하늘을 날 비거가 만들어져야 했다.

정평구의 비거를 완벽히 복원해서 실제 크기로 제작한 뒤, 크고 작은 에어쇼에서 시험 비행을 한다면 그야말로 최선일 것이다. 하지만 지금 우리는 정평구의 비거를 정확히 복원해 낼 수 없다. 당시의 여러 조건 속에서, 가능한 부분들을 최대한 추출해 가정할 뿐이다. 어쩌면 뜬구름 잡는 식으로 보일지 모르는 추정을 앞으로도 반복해야만 한다. 이 한계를 인정하더라도, 정평구의 비거를 그저 이야기로만 남겨 둔다는 결론은 너무나 아쉽다. 게다가 앞으로 비거를 이야기할 사람들에게 완벽한 복원이라는 막대한 과제를 일방적으로 떠넘기는 것이기도 하다.

정평구의 비거를 단순한 상상으로 남기기보다 새로운 방향으로 전승해야 한다는 생각이 들었다. 이제는 비거 이야기와 함께 비거에 적용될 수 있었던 기술들도 결합시켜서 전달해야 한다. 조선 시대에 우리의 하늘을 날았던 비행기, 정평구의 비거에서 나온 기술이라고 충분히 가정할 수 있는 요소들을 적용한 비거를 제작해서 하늘을 난다면, 보다 많은 사람들이 정평구와 비거의 의미를 좀 더 확실히 느끼게 될 것이다. 나는 비거의 미래를 여기서 찾았다.

비거의 실체를 추적하며 알게 된 재료와 우리의 전통 과학을 적용하여 실제 사람이 탈 수 있는 이 시대의 비거를 설계, 제작해서 하늘을 나는 것, 즉 정평구의 발상이 자연스럽게 녹아든 미래 지향적인 비행 수단의 개발이야말로 비거를 후대에게 알리는 또 다른 방법이라고 믿는다.

비록 정평구의 비거 이야기는 여기서 끝나지만, 비거에 적용된 보다 자연 친화적이며 유연한 항공 기술들은 앞으로 우리의 하늘에 떠오를 것이다. 이제 비거 연구의 끝이 또 다른 항공 연구의 시작으로 자연스레 날아간다. 비거의 진취성이 발휘된 미래 지향적인 비행 수단의 개발은 비거의 미래다. 아마도 머지 않은 미래에, 대한민국 사람이라면 누구나 비거로 하늘을 날고,

비로소 정평구의 상상을 현실에서 만날 것이다. 정평구의 비거를 이은 자연 친화적인 날틀이 대한민국 하늘을 마음껏 나는 날을 기다리며 책을 마친다.

찾아보기

사진 저작권

18쪽 ©이봉섭 **30쪽** ©규장각한국학연구원(Kyujanggak Institute For Korean Studies) **31쪽 위** ©규장각한국학연구원(Kyujanggak Institute For Korean Studies) **34쪽** ©라헌 **35쪽** ©라헌 **38쪽** 🅭🅯 Kang byeong Kee **40~41쪽** ©규장각한국학연구원(Kyujanggak Institute For Korean Studies) **48쪽** 🅮 **50쪽** 🅮 **51쪽** 🅮 **62쪽** 문화재청, http://www.cha.go.kr/korea/heritage/search/Culresult_Db_View.jsp?mc=NS_04_03_01&VdkVgwKey=23,01130000,38 **70쪽** 문화재청, http://www.cha.go.kr/korea/heritage/search/Culresult_Db_View.jsp?VdkVgwKey=11,01330000,11 **79~85쪽** ©규장각한국학연구원(Kyujanggak Institute For Korean Studies) **90쪽 위** 🅮 **90쪽 아래** 🅮 **92쪽 위** 🅮 **92쪽 가운데** 🅭🅯🄎 Duch.seb **92쪽 아래** 🅮 **94쪽** 🅭🅯🄎 Alan Wilson **95쪽** 🅭🅯🄎 Mattes **98쪽** 🅭🅯🄎 서울특별시 소방재난본부 **99쪽** ©규장각한국학연구원(Kyujanggak Institute For Korean Studies) **101쪽** 🅮 **102쪽** ©규장각한국학연구원(Kyujanggak Institute For Korean Studies) **105쪽** GPL/CeCILL Feth **107~109쪽** ©이봉섭 **117쪽** 🅭🅯 gravitat-OFF **118쪽 위** 🅮 **118쪽 아래** 🅮 **119쪽** 🅮 **123쪽** 🅭🅯🄎 Clément Bucco-Lechat **125쪽** ©국립해양문화재연구소 **126쪽** 🅭🅯🄎 Peripitus **131~134쪽** ©이봉섭 **136쪽** 🅭🅯🄎 Axda0002 **144쪽** ©이봉섭 **146~147**

쪽 ©이봉섭 **150쪽** CC BY-SA Myrabella **154쪽** CC BY-SA kang byeong kee **155쪽 위** e뮤지엄, http://www.emuseum.go.kr/relic.do?action=view_t&mcwebmno=76197 **155쪽 아래** ©라헌 **156쪽** ©이봉섭 **157쪽** PD **160쪽** CC BY-SA Alan Wilson **161쪽** CC BY Tony Hisgett **162쪽** CC BY-SA Klaus Nahr **166쪽** CC BY /junichiro AOYAMA **167쪽 위** 국립민속박물관, http://nfm.museum.go.kr/nfm/getDetailArtifact.do?MCSJGBNC=PS01002001001&MCSEQNO1=034206&MCSEQNO2=000&SEARCH_MODES=KEYWORDS&SEARCH_STR= **167쪽 아래** 국립민속박물관, http://nfm.museum.go.kr/nfm/getDetailArtifact.do?MCSJGBNC=PS01002001001&MCSEQNO1=024920&MCSEQNO2=000&SEARCH_MODES=KEYWORDS&SEARCH_STR= **169~170쪽** ©이봉섭 **172쪽 위** CC BY-SA Maghasito **172쪽 아래** CC BY-SA Maghasito **178~180쪽** ©이봉섭

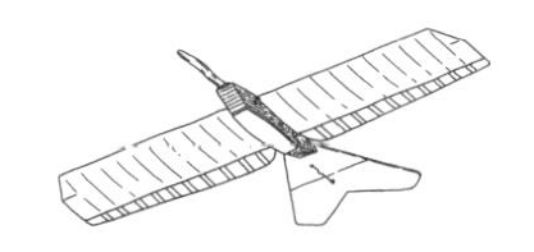

조선의 비행기, 다시 하늘을 날다

1판 1쇄 찍음 2016년 5월 20일
1판 1쇄 펴냄 2016년 5월 27일

지은이 이봉섭
펴낸이 박상준
펴낸곳 ㈜사이언스북스

출판등록 1997. 3. 24.(제16-1444호)
(우)06027 서울시 강남구 도산대로 1길 62
대표 전화 515-2000, 팩시밀리 515-2007
편집부 517-4263, 팩시밀리 514-2329
www.sciencebooks.co.kr

ISBN 978-89-8371-784-9 03400

鎮南樓
西門
護國寺
望陣峰

飛鳳山
水晶峰
儀鳳樓
君子亭
虹橋
南江
義巖
竹田